守田　優
Masaru Morita

地下水は語る

——見えない資源の危機

岩波新書
1374

はじめに　世界の地下水の危機と日本

アメリカ合衆国中部を上空から眺めると、円形をした巨大な緑の農地が密集して、まるで模様のように見える。数百メートルもの長大な自走式スプリンクラーが円を描いて回転しながら散水する、センターピボット方式と呼ばれる灌漑システムがびっしりと並んでいるのである。この地、グレートプレーンズは、アメリカの農業生産を支える大穀倉地帯である。しかしいま、灌漑用水を供給している地下水の涸渇が懸念されている。アメリカの農業生産を支える地下水の危機は、アメリカからの食糧輸入に依存する日本人にとってけっして他人事ではない。輸入する穀物を通じて、私たちもその涸渇に間接的にかかわっているからである。

地下水を過剰に汲み上げると地盤沈下が生じる。地盤沈下が日本において最も注目されたのは一九六〇年代から七〇年代の高度経済成長期であり、代表的な公害問題の一つであった。現在では、公害という言葉が古典的になってしまったように、地盤沈下も古典的な環境問題の領域に入りつつある。

しかし経済成長の只中にあるアジアの多くの都市では、地盤沈下は現在進行中である。今後地下水利用が拡大すると見られており、これからの二五年間で、地下水資源への依存がさらに高まると予想されている。

このような地下水の過剰揚水の背景には、二〇世紀から加速している世界的な人口増加がある。国連の推計によると、世界の人口はすでに七〇億を超えており、二一世紀の半ばに九〇億を超え、そのうち都市人口は七〇％を上回る。人口の増加は食糧生産への圧力となり、農業用水の需要を押し上げる。また都市人口の増大は、生活用水や工業用水の需給を逼迫させる。この水需要の世界的な増加のもとで水資源として手をつけられてきたのが、地下に眠る水、すなわち深層の地下水である。二〇世紀は石油の世紀といわれた。そして二一世紀は水の世紀といわれている。石油が採掘しつくされるように、長い地質時代にわたって貯蔵された地下水が、現在、そして将来にわたって汲みつくされようとしている。石油と違って、地下水は地表を循環する水によって補給されるが、人間が汲み上げる量はそれをはるかに上回るのである。

はじめに、世界が直面している状況を見ておこう。

見えない資源

アメリカのグレートプレーンズはかつて半乾燥地帯で、それが肥沃な穀倉地帯へと変わったのは一九四〇年代のことである。この地帯の地下には、総面積四五万平方キロメートルに及ぶオガララ帯水層《たいすいそう》という巨大な地下水脈が存在する(図)。そこから農業用水を汲み上げ始めたのである。一九四九年に八五〇〇平方キロメートルであった灌漑面積は、一九九七年には五万六三〇〇平方キロメートルにまで拡大した。これはアメリカ合衆国の全灌漑面積の二七%に相当するとされている。

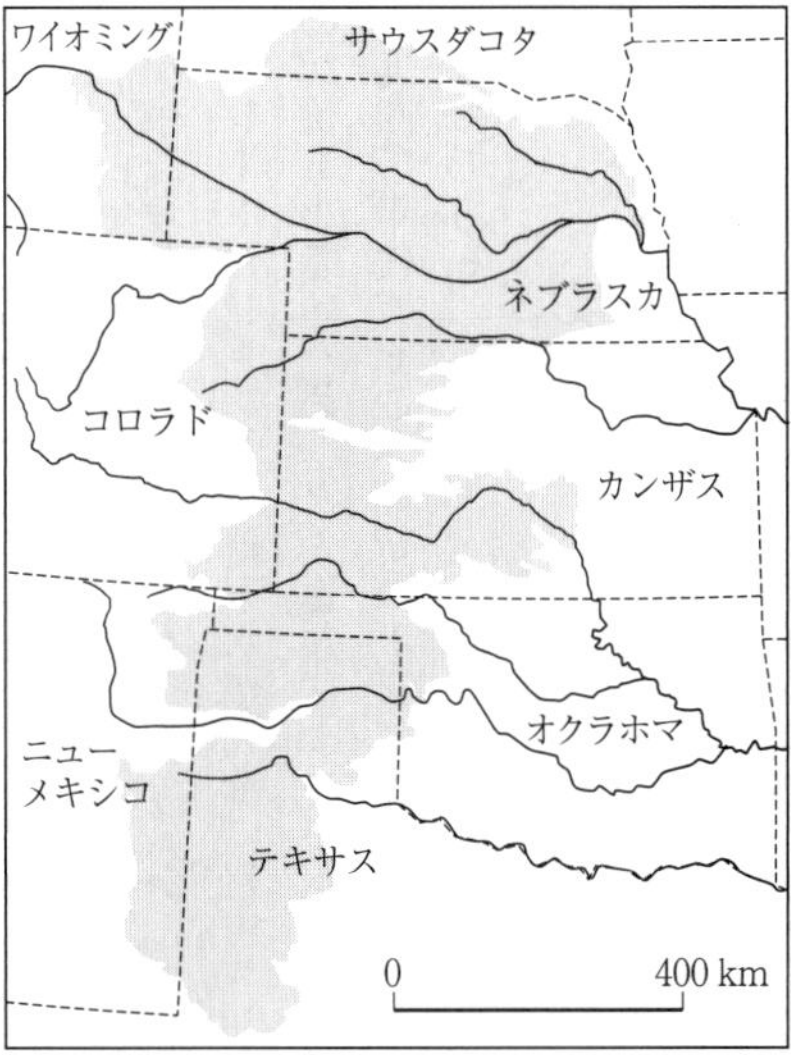

アメリカのオガララ帯水層

無尽蔵の地下水資源と考えられたオガララ帯水層も、長年にわたる大量の汲み上げの結果、その地下水位が低下傾向をたどっている。オガララ帯水層の厚さは平均約七〇メートルであるが、地下水位はこの半世紀に大きいところで三〇メートル低下している。帯水層は砂や砂礫《されき》でできた地層で、その隙間に地下水が貯蔵されているのだが、その帯水層が部分的に空洞化しているのである。テキサス州やカンザス州では、帯水層のうち地下水を含む部分の厚みが五〇%以上縮小してしまったという報告もある。これは地下水資源が遠からず涸渇することを意味している。

グレートプレーンズで地下水が大量に利用されるようになったのは、大河川が少なく、土地の起伏も小さいため、ダム建設によって水を貯留する方法がとれなかったからといわれている。一九四〇年代、そこへ最新のポンプ揚水技術と灌漑技術が本格的に導入され、大量揚水が始まったのである。

見えない危機

オガララ帯水層のような農業用の地下水の涸渇が、世界中で深刻化している。

開発途上国では、人口増加にともない食糧需要が加速度的に増加する。農業生産高を上げるために、灌漑用水の供給が必要となる。河川水の利用は、導水施設の整備や水質管理が容易ではない。一方、地下水は井戸の掘削と揚水ポンプだけで簡単に利用することができる。こうして地下水を大量に汲み上げることになる。

河川水は過剰取水されても流況が目に見えるため管理しやすいが、地下水の過剰揚水は目に見えず、深刻な問題を生じるまでその危険性は明らかにならない。

地下水が汲み上げられると、帯水層内でそれを補うように地下水の補給（涵養《かんよう》という）が生じる。しかし、補給より速いペースで汲み上げると、地下水の貯蔵量は減少し、地下水位は低下する。その行き着く先が地下水帯水層の空洞化、すなわち涸渇である。

農業用地下水の過剰揚水によって特に危機的状況にあるのはインドである。同国の研究機関NEERIの調査によると、地下水の乱開発が全国規模で広がっており、それによって主要な穀倉地帯の地下水位が危険な速度で低下しているという。とりわけ深刻なのは、北部のパンジャブ、ハリヤーナ、ラージャスタンの三州で、いずれも降水量が少ないうえに涵養量を超える地下水揚水が続いており、地下水位の低下は一年に〇・五メートルを超えている。このまま地下水揚水が続くと、帯水層の空洞化が始まり、揚水可能量が低減していく。農業生産はやがて頭打ちになり、食糧供給が危機的状況に陥っていく。

インドだけでなく、パキスタン、中国、さらにイランやサウジアラビアなどの乾燥地帯の農業も同様の問題を抱えている。

アメリカのオガララ帯水層、インド、さらにこのような国々の灌漑用地下水の過剰揚水に共通していることは、降水量の不安定な乾燥地帯において、長い地質時代に貯蔵された地下水資源を引き出し、それを灌漑用水に使っていることである。長期的な過剰揚水による地下水涸渇は、現在の世界的な水資源危機の重大な局面の一つである。

アジアの都市がかかえる地盤沈下の脅威

二〇一一年六月の新聞報道によると、台湾の新幹線、台湾高速鉄道が地盤沈下の脅威にさらされている。地盤沈下が深刻なのは台湾中部の台中―嘉義間の彰化県と雲林県で、何か手を打たなければ一〇年以内に営業できなくなるといわれている。建設中であった二〇〇三年にすでに地盤沈下が見つかり、開業が遅れる一因にもなった。台湾の中部地域では、降雨の少ない秋から冬にかけて、農業用水や工業用水として地下水が汲み上げられている。行政院の経済部水利署は、新幹線の線路から三キロメートル以内の地下水汲み上げを禁止し、無許可の井戸を取り締まった。しかし、場所によっては最大で年間六・四センチメートルの沈下が生じているという。

アジアの大都市の多くは、海に開けた沖積平野に展開している。タイのバンコク、インドネシアのジャカルタ、ベトナムのハノイ、中国の上海・天津など、代表的な都市を挙げることができる。これらの都市ではいずれも深刻な地盤沈下が発生しており、低平な地形のもとで、洪水や高潮による浸水被害の脅威が拡大している。

二〇一一年秋、チャオプラヤ川の洪水のために、バンコクは長期的な浸水被害に見舞われた。バンコクの地盤沈下は累積で一メートルを超えており、被害を大きくする要因となった。

中国では、七十あまりの都市で地盤沈下が著しく進行しているといわれている。沈下量が二メートルを超えている都市として、上海、蘇州、無錫、天津、太原、西安が挙げられている。早くから地盤沈下の被害が報告されている上海では、観測の始まった一九二一年から現在までに二・六メートル、また天津では最大三・一メートルの沈下が生じている。

二一世紀、成長著しいアジアの都市にとって、人口の増大、生活水準の向上、工業生産の増大は必然であり、都市用水をどう手当てするかは重要な課題である。地下水に代わる新たな水源を確保しようにも、それは容易ではない。地下水資源の危機は、特にアジアの都市において、今後も逃れることのできない厳しい局面となるであろう。

日本の地下水の危機

日本は、戦後、主に都市域において地下水の環境問題を経験してきた。地下水利用は、二〇一一年現在、都市用水・農業用水の全使用量の約一三％を占め、また都市用水、つまり生活用水と工業用水に限ると、約二五％の割合にのぼる。戦後の高度経済成長期のような過剰な地下水汲み上げは過去のものとなったが、地下水は日本の都市用水の水源としていまでも重要な位置を占めている。

ちなみに、世界人口の四分の一以上が飲用水を地下水に依存している。ヨーロッパの国々は、コレラやチフスなどの水系伝染病に苦しんだ歴史から、飲用水を地下水に求める傾向が著しく、七五％が地下水を利用している。ミネラルウォーターは姿を変えた地下水である。アメリカも飲用水の地下水依存度は五〇％を超え、三〇％前後のアジア・太平洋地域や中南米地域より高い。

さて日本の場合、農業用水は基本的に河川水であり、古代から近代に至る長い歴史のなかで、水利秩序をつくり上げてきた。一方、都市用水は農業用水に対して利水の新規参入者にあたり、河川水を利用するにも水利権の壁に阻まれ、多くの場合、河川水以外の水源、すなわち地下水に水源を求めざるをえなかった。そのため、戦後の高度経済成長期、都市の成長、人口の増大、工業の発展にともなう水需要増加のかなりの部分を地下水が引き受けてきた。その結果、地盤沈下などの問題が顕在化したのである。現在、地盤沈下はほぼ沈静化しているが、地下水位の広域的低下はいまも深刻な問題として現前し、さらに地下水汚染の脅威も消えていない。

このような戦後の日本の地下水開発と環境問題の歴史は、現在のアジアの大都市に共通して見られ、今後さらに深刻化していく可能性がある。日本の地下水の過去・現在・未来は、危機を迎えている世界の地下水の観点からも重要であろう。

本書では、まず古典的な地盤沈下から始め、現在進行中の湧水涸渇、そして地下水汚染と地下構造物の問題を紹介していく。目に見えない地下水の世界を知ってもらうために、必要に応じて基本的な解説を加えよう。地形によって地下水の性質が変わり、対象とする地下水によって社会の側の対処の仕方が異なるところが難しい。各章で紹介する事例はローカルなものだが、いずれも普遍的な問題をはらんでいる。

最後に、地下水の問題には、広域的に流動する存在である地下水を「私水」としてきた長年の制度的問題がからむ。近年では、地下水を「公共の水」ととらえ、地域で管理していくという動きが各地で強まっている。これから、地下水との新しい付き合い方を見出していかなければならない。

目　次

第一章　沈む大地

沈下した橋桁につかえ，通れなくなった団平船．1961 年，大阪市北区．©朝日新聞社

1　沈み行く東京

高潮の謎

　昭和九年九月二九日、東京市深川区の区役所建物内の会議室に、深川区の町会有志、議員、東京市の土木関係の課長たちが一堂に会した。その日、区会、町会合同の連合防水対策大協議会が開かれることになっていた。同年九月二一日、室戸台風が関西一円を席巻し、その影響を受けて、東京の下町地区に高潮が襲来、地元深川では地区の四分の三に及ぶ地域で浸水被害が発生していた。

　協議会が始まると、住民は度重なる浸水被害に憤懣やるかたない。議員の一人は、「区画整理の時水防道路は、十尺〔約三メートル〕にすると言明したのに、そこから水が入って来るとは何事だ、区民をペテンにかけたものだ」などと憤りをあらわにすると、別の出席者は「荒川放水路が巨万の富を費しても、何んでそれが深川区民に福祉をもたらした。かの巨費の十分の一でもいい、宜しく国庫の補助を仰いで、徹底的にわが深川を水難から救え」と叫んだ。区民の怒りを前にした東京市の担当者自身も、深川をはじめとする下町地区でなぜ毎年水が溢れるのか原因がまったくわからず、説明も要領を得ない。

憤懣と激論の果てに、「わが深川区は区画整理によって、平面的には完成せりといえども、立体的にはいまだ完成されず」という言葉で始まる陳情書ができあがり、深川区民有志はそれを携えて東京市へ水害防止対策の陳情に押しかけた。

この協議会の出席者の一人であり、町会長をつとめていた郷土史家の菊池山哉《さんさい》は、著書『沈み行く東京』（一九三五年）のなかで、協議会の模様を右のように描写し、陳情書について、「立体的市区の完成とは、何の事やらわからないが、わが深川や本所《ほんじょ》にはこの名文句がピタリと通ずるのである」と述べている。

沈下する地盤

菊池は、当時、江東方面で頻発していた高潮による浸水被害が、実は広範囲に及ぶ地表面の沈下現象に起因するものであることを認識していた。そして郷土史家の視点から、長期に及ぶ地表面沈下の実態を江東地区の地層の状況と照合して分析し、同書でさらに原因究明へと考察を進めている。菊池は、いつまでたっても年中行事のように浸水騒ぎの起こる江東方面の深刻な状況を総括し、「事実江東は刻々として沈みゆく」と言明した。

当時の東京市の調査によると、現在の江東区の範囲において、一九二九（昭和四）年一〇月から三二年三月までの二年半の累積沈下量が、おおむね一〇〜三〇センチメートルに及んでいる。年間の沈下量に直すと、場所によっては一〇センチメートルを超えているところもあり、現在から考えても激甚な地盤沈下である。

『沈み行く東京』という歴史証言の書が出版された一九三五年以降、日中戦争、太平洋戦争と日本は戦時体制に突き進んでいった。そして、この地盤沈下の問題も社会の表から消え、一九四五年三月の東京大空襲によって江東地区は壊滅し、焼け野が原になった。同年八月一五日、日本は終戦を迎えることになる。

沈まぬ都会

『沈み行く東京』は、しかし歴史に埋もれることなく、一人の地球科学研究者の目に留まっていた。その研究者とは、戦後に中央気象台長を務めることになる和達清夫《わだちきよお》である。和達は、一九四九年のエッセイ集『沈まぬ都会』のなかで次のように述べている。

「「沈み行く東京」という著書が、十年位前に出たことを御存知の方があるだろうか。何か文学書のようにちょっと思えるが、実はある篤志の民間研究家が、東京江東地区に起りつつあった地盤沈下現象を論じた科学的な報告であった。」
『沈まぬ都会』という書名も、おそらく『沈み行く東京』を意識してつけたものと思われる。そして和達こそ、地盤沈下の原因をはじめて科学的に明らかにした研究者であった。

地盤沈下の原因は？

東京江東地区の地盤沈下が懸念されていた昭和の初め、大阪の西部地域でも土地が著しく沈下していることが見出されていた。ある学者は、その原因を大規模な地殻変動によるものとした。当時、大阪の災害科学研究所に勤務し、地盤沈下の研究を担当していた和達清夫は、大阪市と協力して地盤沈下量と地下水位の測定を続けながら、ついに両者の相関を突き止めた。そして地盤沈下の生じる主原因が、地下水の過剰な汲み上げであるとの結論に至ったのである。

その結果は、論文「西大阪の地盤沈下に就いて(第二報)」として『災害科学研究所報告』第三号に発表された。一九四〇年のことである。和達は『沈まぬ都会』のなかで述べている。

「しかしこの頃すでに、現象の真相は、当事者には大体見当がついていた。すなわちこの現象は決して、いわゆる地塊運動というような、大規模な地殻の変形運動ではなくて、単なる、土地の表面近くにある軟弱な地層の収縮にすぎないということである。その根拠は色々あるが、第一に沈下地域が、大都市の一部の低い沖積層の地域に限られていること、第二に沈下は近年になって急激に起って来たことなどである。そして一番決定的のこととしては、地下の堅い地層にまで打ち込んだ鑿井《さくせい》鉄管（井戸の鉄管）は、その上端が、近年徐々に地面に対して浮き上って来ることであった。」

和達が菊池の『沈み行く東京』に関心をもったのは、菊池もそのころ主流だった深層の地殻変動説をとらず、地盤沈下現象が地盤の表層部分の収縮によることを看破していたからである。菊池も「鑿井鉄管の浮き上がり」現象に言及し、それを表層収縮の根拠としていた。ただ菊池は、地盤沈下の原因は軟弱な地盤に過度の載荷重が加えられたためであるとし、地下水との関係には遠く考え及ばなかった。

和達は明言する。

「私達はやがて、次の結論に到達した。地盤沈下の起る主原因は、地下水の使用過多という人為的の事柄であるというのである。すなわち地下水を使いすぎる為に、地下水圧は低下し、粘土層が凝縮を起し、これが地盤沈下となるのであるから、もし地下水の使用を少くし、地下の水圧をある標準の水圧以下に下らぬように保つならば、沈下は止むはずであると力説したのである。」

粘土層とは、地下水を含む帯水層を「ふた」のように覆っている表層の透水性の低い地層のことである。地下水を使いすぎると帯水層の地下水圧が低下する。すると粘土層内の水分が帯水層に絞り出され減少して収縮を起こし、地盤沈下が生じるのである。

今日常識となっている地下水汲み上げと地盤沈下の関係が、科学者や行政関係者に広く受け入れられるようになるのは、しかし、戦後の高度経済成長期の真っ只中、一九六〇年代のことである。和達の研究から、すでに二〇年の歳月が過ぎていた。

2　地盤沈下と地下水

西大阪の地盤沈下

和達清夫が西大阪の地盤沈下の原因をどのように究明したかについて、少し詳しく述べよう。

大阪市では、一九二八年の陸地測量部の測量によって、一部の水準点に異常沈下があることがわかった。一九三四年の室戸台風では甚大な高潮被害が生じ、地盤沈下現象が広く市民に注目されるようになった。

地盤沈下の原因として、当初は地殻変動が考えられたが、地盤沈下地帯と工場地帯とが一致することから、何らかの人為的な原因ではないかと推察する識者もいた。当時、地盤沈下の原因として挙げられたものを並べると、(1)地殻運動、(2)土層の自重による圧密、(3)建築物あるいは埋め立て荷重による圧密、(4)地下噴気圧の低減、(5)地下水位の降下、(6)雨水の地下浸透量の減少、(7)帯水層中の砂の汲み上げ、(8)帯水層中の地下水流による粘土層壁剝離、(9)交通機関や地震による緊迫など、さまざまである。なお、圧密とは、粘土層のような透水性の低い地層が、荷重によって間隙水が絞り出されて体積が減少することをいう。

同市では、一九三四年に水準点を増設し、以後毎年一回の水準測量を行うこととした。地盤沈下量は、淀川河口付近を中心に、一九二五年から一九三九年の間で七〇センチメートルに達し、一九三九年には一年間で二〇センチメートルを超えるところもあった。

大阪市は、一九三八年、災害科学研究所の和達清夫に協力をもとめ、原因究明に乗り出した。そして、同年に天保山観測所、翌年には九条観測所を設置し、地盤収縮量の測定を開始した。九条観測所において、和達らは深さの異なる三本の深井戸を設置し、地盤沈下量とともに地下水位を観測した。一九三八年春から四〇年春にかけて、深井戸の鉄管の管頭の標高と地表面の標高の低下量を比較したところ、地表面の標高がより低下していることがわかった。つまり井戸が抜け上がっているのである。このことから、和達は、地盤沈下は地表面と井戸の管底の

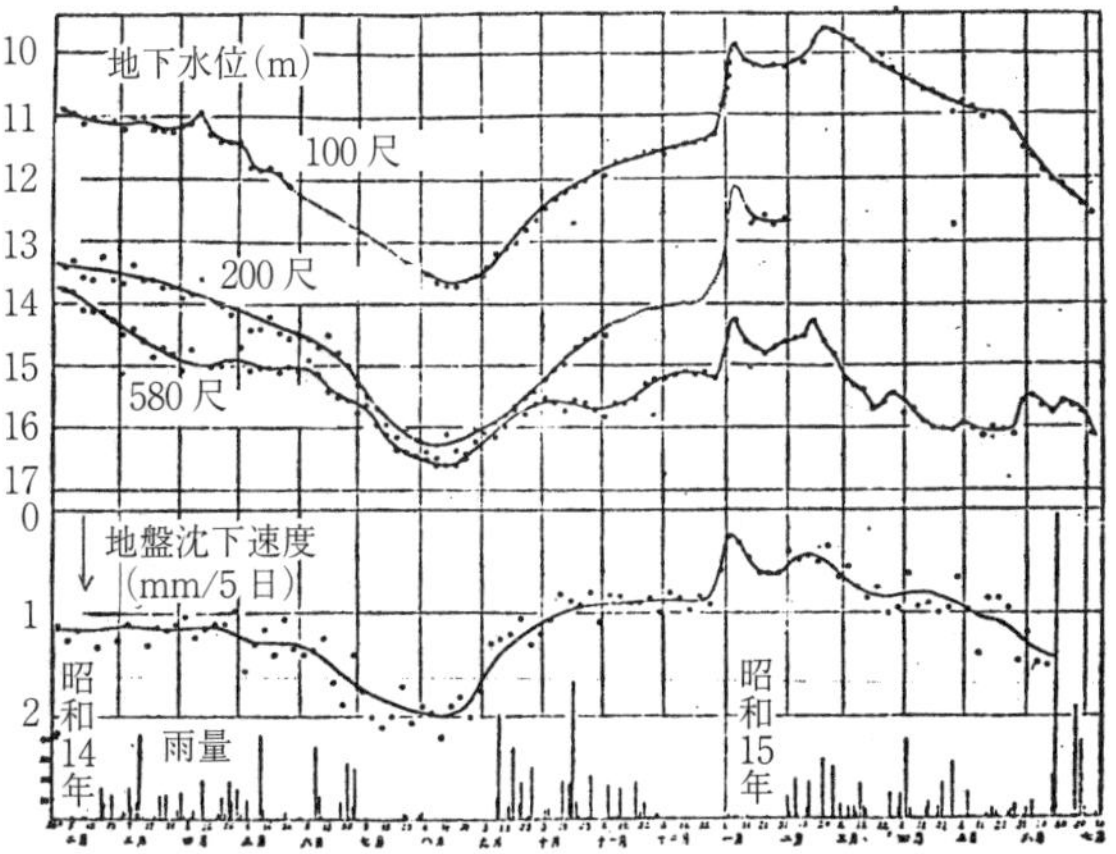

図1-1 西大阪九条観測所の地下水位と地盤沈下速度(和達清夫(1940)). 地下水位は，それぞれの長さの鑿井鉄管内の水位を大阪湾平均海面基準からの深さで示す

間の地層が主に収縮していることを確認し、深部には達していないと考えた。

さらに、深井戸の地下水位と地盤沈下速度(単位期間の沈下量)の関係を調べたところ、両者の変動が驚くほど一致していることを見出した。こうして地盤沈下が地下水位の低下によること、すなわち地下水の過剰揚水によることを結論づけたのである。

図1-1は、地盤沈下の原因が地下水位の低下であることを突き止めた歴史的なグラフである。昭和一四(一九三九)年二月から一五年七月の期間の、三本の深井戸の水位(上の三本の曲線)と地盤沈下速度(下の曲線。下方へいくほど大きくなる)である。地下水位と地盤沈下速度の変動が驚くほど一致

していることを確認できる。

興味深いことに、一九三九年の年末には、一時的に地下水位が上昇し、地盤沈下速度も小さくなっている。これは、工場が休業して揚水量が減少したためである。

アメリカの地盤沈下のはじまり

海外の地盤沈下事情はどうだったのだろうか。地盤沈下現象は、アメリカにおいて、一九二〇年代にテキサスの石油掘削井戸周辺で注目された。しかしその原因は究明されなかった。

異常な沈下量が行政関係者の注意を喚起したのは、一九二〇〜三〇年代、サンフランシスコ湾に面したサンタ・クララ谷の地盤沈下である。精密な水準測量が実施され、サン・ノゼにおいて、一九三三年までの一一年間で約一・二五メートルの沈下量が確認された。また一九三五年から三六年の一年間に一一センチメートルの沈下量が測定された。

当初から調査にかかわっていた技師ティベッツは、一九三三年のレポートで地下水の過剰揚水を地盤沈下の原因として示唆したが、地殻変動など他の要因についても可能性が残った。しかし、その後の調査により、ここでも「鑿井鉄管の浮き上がり」が決め手となり、地盤沈下は表層部分の地層の収縮であること、そしてその原因が地下水の過剰揚水であることが明らかになった。一九三七年のことである。サンタ・クララ谷では、農園への灌漑用水として地下水が汲み上げられ、一九一五年に地下一〇・二メートルだった地下水位が、三一年には地下三三・二メートルに低下していた。低下速度は年間一メートルを超えている。

和達清夫らが西大阪の地盤沈下に取り組んだのが一九三八年から四〇年にかけてであるから、アメリカでは日本より数年早く事態が進行していたことがわかる。

地下水とは

地下水とは、文字どおり地下に存在する水である。したがって目に見えず、どこに存在し、どのように流れているのかわからないとよくいわれる。ここで基本的な知識をまとめておこう。

地下水は大きく裂罅水《れっかすい》と地層水に分けられる。裂罅水は、岩石の割れ目や空洞などに存在する水であり、トンネル工事などでは湧水として厄介者扱いされる。地層水は、まだ岩石となっていない地層の粒子間、つまり砂や粘土などの空隙を満たす水である。地層は長い地質時代にわたたって形成されたもので、砂や砂礫の地層は水を透しやすく、粘土やシルト（砂と粘土との中間の細かさの土）の地層は水を透しにくい。

水を透しやすく、地下水が流動しやすい地層を帯水層と呼び、水を透しにくい地層を難透水《なんとうすい》層《そう》という。海に面した平野部では、帯水層と難透水層は、交互に層をなして（単斜構造という）堆積していることが多い。

地下水の貯留量を示す指標が地下水位である。熱量を把握するのに温度を測るように、地下水量を把握するには観測井戸の地下水位を測る。地下水の量が増加するとき地下水位は上昇し、逆に地下水が涸渇へ向かうときは低下する。地下水位は、地下水の豊かさを表す指標である。また、地下水の流れについていうと、地下水は地下水位（厳密には水理ポテンシャル）の高いほうから低いほうへ流れることも知っておこう。

被圧地下水

前述の西大阪地区や東京江東地区は、ともに海に面した沖積低地に位置する。沖積低地とは、地質学的に沖積世とされる最近の一万八〇〇〇年間に、河川の土砂などが堆積してできた低地である。特に臨海部の沖積低地では、一般に、表層部分に厚い粘土やシルトの層があり、その下に地下水を満たした砂や砂礫からなる帯水層が存在する。

地盤収縮の仕組みを理解するために、沖積低地の地下水と井戸からの汲み上げの様子をやや単純化して説明しておこう。

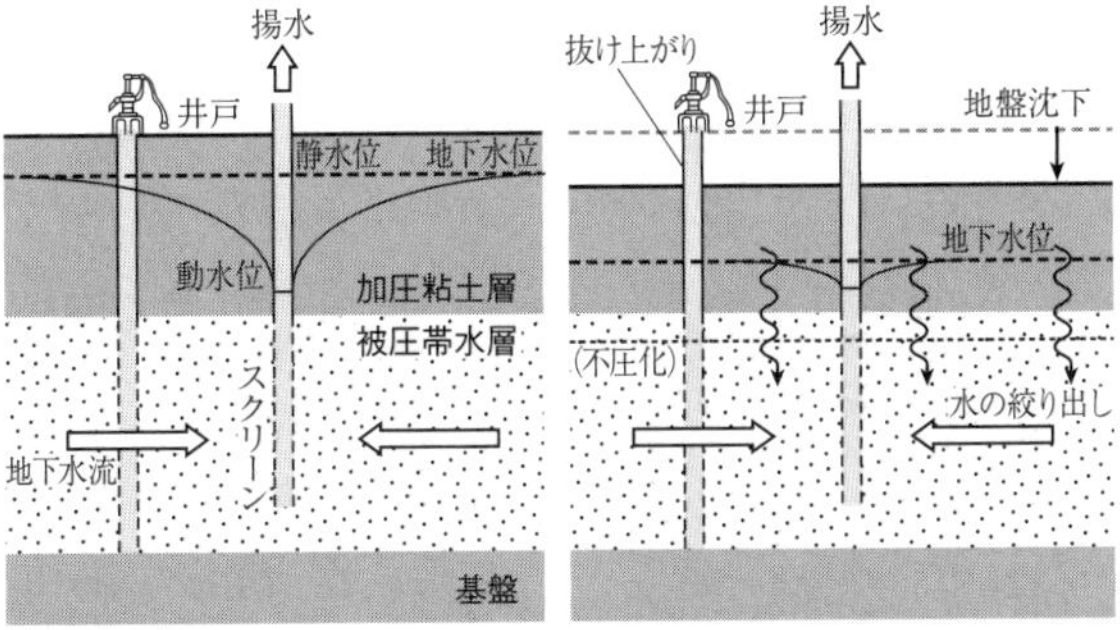

自然状態で地下水の汲み上げを開始　　地下水位の低下と地盤沈下

図 1-2　地下水の汲み上げによる地盤沈下のメカニズム

図1-2の左図は、自然状態で地下水の汲み上げを開始した時点の地下の様子である。地下水を満たした帯水層は、上部の粘土やシルトの層(水を透しにくい難透水層)から圧力をかけられている。そのためこの帯水層を被圧《ひあつ》帯水層《たいすいそう》といい、この状態にある地下水を被圧地下水という。被圧地下水は、川の水面のような地下水面をもたない。地下水が帯水層全体を満たしているからである。なお、被圧地下水については、専門的には地下水位とはいわず被圧水頭《ひあつすいとう》という用語を使う。被圧地下水が水面をもたないためであるが、本書ではなじみやすい地下水位という言葉を用いる。

図の真ん中に揚水井戸を描いた。帯水層に圧力がかかっているため、水位は帯水層の上限(加圧粘土層と帯水層の境界)より上にある。そこで、ポンプを使って地上で水を汲むことができる(左側にポンプ式の井戸を描いた)。

地下水位が地表面より高い場合には、地下水は自噴することになる。

揚水井戸において揚水を継続的に行うと、井戸を中心にして帯水層の圧力が低下する。この地下水位の勾配によって井戸に向かって地下水が流れ、水を汲み続けることができる。ストローで水を吸うのと同じ理屈である。なお、井戸では帯水層中に鉄管を通し、スクリーン（鉄管の穴が開いた部分）を通して地下水を汲み上げている。

揚水しない状態での地下水位を、静水位《せいすいい》あるいは自然水位という。揚水しているとき、井戸内の地下水位は静水位より低下している。これを動水位《どうすいい》と呼ぶ。

地下水の汲み上げによって「地下水位が下がる」というとき、井戸の動水位が低下することなのか、静水位が広域的に低下することなのかは、常に区別しなければならない。地下水位の低下で問題となるのは主に静水位である。

言葉の説明が長くなったが、ここで重要なことは、自然状態では、被圧帯水層の水の圧力と、加圧粘土層内の水（加圧層内の空隙にも水がある）の圧力とがつり合っていることである。

なお、被圧地下水と区別して、不圧地下水《ふあつちかすい》と呼ばれる地下水もある。上部に加圧層がない状態の地下水で、この場合には地下水面がある。民家の浅井戸や崖下の湧水の元は、主に不圧地下水である（第二章）。

地盤沈下の仕組み

ある地域で多くの井戸から地下水が汲み上げられ、広い範囲で地下水位(静水位)が低下し、図1-2右図の点線のところまで下がったとする。こうして被圧帯水層の水の圧力が下がると、上部の加圧粘土層内の水が帯水層のほうへ絞り出される。いわば、帯水層が加圧層から水分を吸い取っているのである。こうして粘土層内の水分が絞り出されると、粘土層は水が絞り出された分だけ縮む(それに比べて砂や砂礫からなる被圧帯水層はほとんど収縮しない)。表層の粘土層の縮んだ分だけ地表面が低下する。これが沖積低地の表層収縮による地盤沈下の仕組みである。

井戸の抜け上がり

通常、井戸の底は、加圧粘土層と被圧帯水層を貫いて、沖積層より古く堅固な洪積層《こうせきそう》という基盤に固定される(図1-2)。このため、粘土層が縮んで地表面が低下すると、それまで粘土層中にあった井戸の部分は地表面に顔を出す。これを「井戸の抜け上がり」という。和達や菊池が触れた「鑿井鉄管の浮き上がり」である。

図1-3は、戦後の早い時期の実例である。この井戸は、現在、東京都建設局の江東治水事

図1-3　井戸の抜け上がり(東京都公害局『公害と東京都』(1970)より)

務所(東京都葛飾区東新小岩)の敷地内に、歴史的に貴重な「抜け上がった井戸」として残されている。二〇一二年、葛飾区の文化財に登録された。

沖積層と洪積層

最終氷期の最盛時にあたる一万八〇〇〇年前以降を、地質学では沖積世と呼ぶ。沖積世には気候が温暖化して海水面が上昇し、堆積作用によって海岸平野が形成された。これが沖積平野である。関東平野、大阪平野、濃尾平野などが日本の代表的な沖積平野である。東京低地においては、有楽町層という沖積層が平均三〇メートルの厚さで被圧帯水層を覆っている。

沖積平野の表層(つまり沖積層)はやわらかい地層であり、いわゆる軟弱地盤としての特徴をもつ。表層収縮の地盤沈下の主体がこの軟弱地盤であり、東京では、粘土・シルトからなる下部有楽町層がこれにあたる。日本および世界の沖積平野では、地下水の過剰揚水が共通の原因となって、表層収縮による地盤沈下が生じている。

洪積層は、地質年代でいう第四紀(約二六〇万年前から現在まで)の初めから最終氷期までの時期に形成された地層であり、沖積層より厚く、また固く締まっている。洪積層は、粘土・シルトや砂・砂礫、さらにはローム層のような火山噴出物などからなる。図1-2で、砂や砂礫からなる被圧帯水層は洪積層である。なお、洪積層という用語は、地質学の分野では、地層の堆積年代が明確ではないとして現在は用いられていない。ただし本書ではなじみの深い洪積層という用語を使うことにする。

地盤沈下の被害

東京において地盤沈下がはじめて測定されたのは、大正一二(一九二三)年の関東大震災を契機に実施された水準測量によってである。当時は、地盤の異常沈下は地震による地殻変動の一つとされた。地盤沈下が人々に認識され始めたのは、昭和の初めごろ、高潮による浸水被害が度重なって生じてからであった。また民家の井戸の抜け上がりや、丸の内・日比谷一帯のビルの抜け上がりが見られたことも、何かしら異様な現象が起こっているという認識を人々にもたらした。

　建物の基礎は、井戸の底と同様、洪積層の堅い地層の部分にある。そのため、地盤沈下によって表層が収縮すると、建物の基礎が抜け上がるようになる。図1-3の井戸のように地下からきれいに抜け上がってくるケースと異なり、多くの場合、抜け上がる過程で亀裂などが生じてしまう。図1-4の上図は、地盤沈下による建物被害の例である。本来の地表面は写真の矢印のところにあった。階段が抜け上がった場合、下に新たに階段を継ぎ足しているケースが多い。

図1-4　地盤沈下による被害の例（南関東地方地盤沈下調査会資料より）．上：階段の抜け上がり（江戸川区公会堂），下：海水面より低くなったゼロメートル地帯

　河川沿いで地盤沈下が進むと、河川の堤内地（堤防で守られる、人が居住している側）の地表面が低下し、河川の水面に比べて地面が相対的に低くなる。図1-4の下図は、河川沿いの地盤沈下の状況を示した写真である。建物のある地表面が二〜三メートルも低下したため、河川の水

面のほうが高くなってしまったことが見て取れる。

　これら以外にも、水道管や下水管など地中構造物の亀裂や破損、運河・水路の橋脚沈下による船舶の航行不能（本章扉写真）、護岸の目地部からの漏水、高潮による溢水など、さまざまな被害が生じる。津波や高潮の溢水が起これば、深刻な被害が発生することも予想される。

　地盤沈下によって生じた損失は莫大であり、高潮に対する護岸の嵩上げ、損傷した橋の補修など、公共的な負担は大きな額にのぼる。東京都公害研究所（現・東京都環境科学研究所）の試算によると、江東デルタ地帯（隅田川、荒川、東京湾に囲まれた江東区、墨田区、江戸川区の一部）において一九五七年度から八五年度の期間に地盤沈下のために投下された額は、現在価格に換算して約五一八〇〇億円に達している。

3　東京ゼロメートル地帯

　東京をはじめ、神奈川、千葉、埼玉南部の南関東地域は、戦後の高度経済成長期、日本の経済発展をになう京浜・京葉工業地帯として大きく貢献した。この南関東地域の工業用水の需要増加が始まるのは大正時代初期である。以後、二度の大戦をはさみ、京浜・京葉工業地帯の工業用水の需要増加を一貫して支え続けたのが地下水であった。大正期から一九七〇年代前半までの南関東地域における地下水開発を、首都圏の第一次地下水開発と呼ぶ。

工業地帯の拡大

東京下町低地は、江戸時代から埋め立てと水路網の整備によって造成されてきたところで、材木業をはじめ、下駄や足袋などの工産品、衣類などの日用雑貨品など、さまざまな地場産業が育成された。明治期に入ると、武家社会の崩壊によって、大きな屋敷跡は工場の敷地となり、生みだされた豊富な労働力はそのまま近代の東京の工業を支えることとなった。

首都東京では、明治政府の富国強兵・殖産興業の重要拠点として巨大な官営工場がつくられ、欧米の進んだ工業技術の導入によって、特に軍事と関連した分野で工業生産が始められた。一方、民間工場の数も増加し、日清戦争(一八九四〜九五年)後、繊維工業が生産を伸ばし、さらに日露戦争(一九〇四〜〇五年)後は、重化学工業が主要業種となっていった。工業種別の工場数の変化を東京府統計書で見ると、特に日露戦争後の増加は著しく、一九〇一年から一九一九年の間に一六倍を超える急速な増加を確認することができる。

東京下町低地の本所区と深川区の工場数も、同じ時期、目覚ましい増加を示した。本所区は現在の墨田区、深川区は現在の江東区の西側半分に相当する。この深川区は、本章の冒頭、「沈み行く東京」の舞台となった区である。この両区の工場数は、一九一九年時点で約一七〇〇棟であり、旧東京市(一五区)の四四％に及んでいる。一九二三年の関東大震災によって両区の工場地帯は壊滅したが、その後すぐに復興し、再び持続的な増加傾向に戻った。一九三九年、戦前最後の東京府統計書では約二二〇〇棟という工場数が記録されている。

明治から大正にかけては、東京下町低地に位置する江東地区(江東区、墨田区、江戸川区、荒川区)が主要な工業地帯であった。しかし昭和になると、東京下町低地からさらに荒川に沿う北部地域、すなわち城北地区(板橋区、北区、葛飾区、足立区)へと工業地帯は延びていった。このような工業地帯として発展した背景には、一つには港湾施設や水路網が整備されていたこと、そして東京市という大都市が控えていたことが挙げられる。

こうして荒川下流域の工業地帯は、そのまま荒川上流へ向けて東京低地に広がる大工業地帯となった。戦後、この東京低地の工業地帯は、さらに埼玉県南部へと拡大し、東京と横浜の東京湾沿岸に発達した京浜工業地帯、千葉に広がる京葉工業地帯とともに、日本有数の大工業地帯として高度経済成長の主力をになったのである。

この工場数の増加によって、工業用水の新規需要が急激に増大し、そのための水源確保が喫緊の課題となったのである。

工業用水としての地下水

工業用水は、生活用水、特に飲用水ほど高い水質は要求されないが、水温と水質が用途別の要求水準を満たしている必要がある。そして利用コストが安いこと、すなわち簡単に大量に得られることが求められる。水源としては、海水、河川水、地下水があるが、どれが適しているだろうか。

海水は低コストで大量に得られるが、塩分を含むため、染色、パルプ、紙など、純度の高い水が要求される場合、不適である。また冷却用として利用するには水温が高く、利用先も限られてくる。河川水は、水質が良く、大量に取水することも可能であるが、何よりも「水利権」という壁があり、農業用水との調整が難しい。さらに、取水施設に多額の費用を要するとともに、夏季には水温が高くなるという不利な点がある。

対して地下水は、自然に浄化されていることから、水質は良好で水温も年間を通して一定である。取水施設は、自分の敷地にポンプを設置すればよく、コストも安い。そして何よりも「水利権」の制約がなく、自分の土地の水は自分のものである、という民法二〇七条に基づく私水であることによって、地下水は工業用水として決定的な優位性をもつこととなる。
こうして東京低地では大量の地下水が汲み上げられるようになった。この時代の地下水位の変動を記録した貴重なデータが残されている。

深井戸は語る

東京都文京区の東京大学本郷キャンパス構内に一本の深井戸がある。キャンパスの北門にあたる弥生門を入り、理学部一号館へ向かって歩くと、その途中、左側の小屋の中にある。直径わずか一五センチメートルの鉄管で、地上に一メートルほど出ている。しかし、その深さは約三八〇メートルに及ぶ。

この深井戸は地下水を汲み上げるために掘られたわけではない。明治二四(一八九一)年の濃尾地震が契機となって成立した震災予防調査会が、その事業のひとつとして、地下温度の測定および地質調査の目的で明治二七年に掘削したものである。

この深井戸において、地震の研究を目的とした地下水位の連続観測が始まったのは昭和七(一九三二)年である。困難な戦時中も辛抱強く観測が続けられ、貴重なデータを残すこととなった(図1-5)。東京大学は、東京下町低地に近接した台地の端にある。したがってこのグラフ

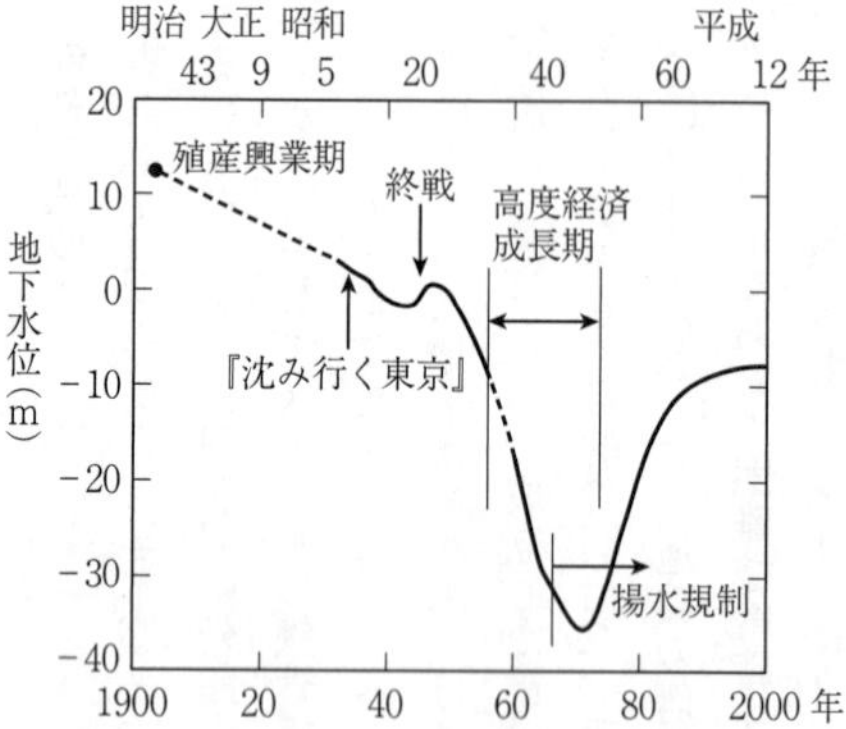

図1-5　東京大学の深井戸における地下水位．地下水位は東京湾平均海面基準(T. P.)で示す

は、東京下町低地の深部に存在する地下水の水位変動を記録していると考えられる。

地震研究所によると、この連続観測以前の一九〇四年に、地下水位が深さ三・二メートル(図では平均海面基準に換算)という報告がある。一九三二年以後の水位低下とちょうどつながるので、推定値を破線で示した。一九三二年以前の約三〇年間で、すでに九メートル近く水位が低下していることになる。

第1節の舞台、深川の高潮水害が問題となっていた一九三四年は、地下水位が低下の一途をたどっていた時期にあたる。この低下傾向は一九四〇年代まで続き、一九四四年から四八年にかけては逆に上昇に転じている。これは、太平洋戦争中に米軍空襲によって工業地帯が破壊され、生産活動が停止して地下水汲み上げが止まったためである。

戦後の復興とともに、再び、地下水の揚水は開始され、戦前を上回る激しさで地下水位が低下した。特に一九六〇年代は年間二メートルという速さで低下しており、当時の地下水揚水のすさまじさを物語る。なお、一九七〇年代からは揚水規制によって汲み上げ量が減少し、地下水位は上昇へと転じて、現在は高度経済成長が始まるころの水位に回復している。

この一本の線は、東京の地下水の明治・大正・昭和・平成にわたる、ほぼ一〇〇年の歴史を記録しているのである。

ゼロメートル地帯の出現

荒川上流の城北地区では、かつて六〇～七〇メートルの深さの井戸で清冽な自噴水が飲用に供されていたそうである。大工場群が拡大するにしたがい自噴は止まり、地下水位は低下し続けた。一九六〇年代、江東・城北地区で日量約六〇万立方メートル、埼玉県南部では二〇万～三〇万立方メートルという地下水が汲み上げられた。

その結果、荒川下流右岸地域を中心に東京の下町低地に深刻な地盤沈下が生じた。それは当時「東京ゼロメートル地帯」と表現された。「ゼロメートル地帯」とは、土地の地盤高が常に海水面よりも低い地域のことである。

地盤沈下はどのように進行したのか。図1-6は、江東区と足立区の代表的な観測井戸の被

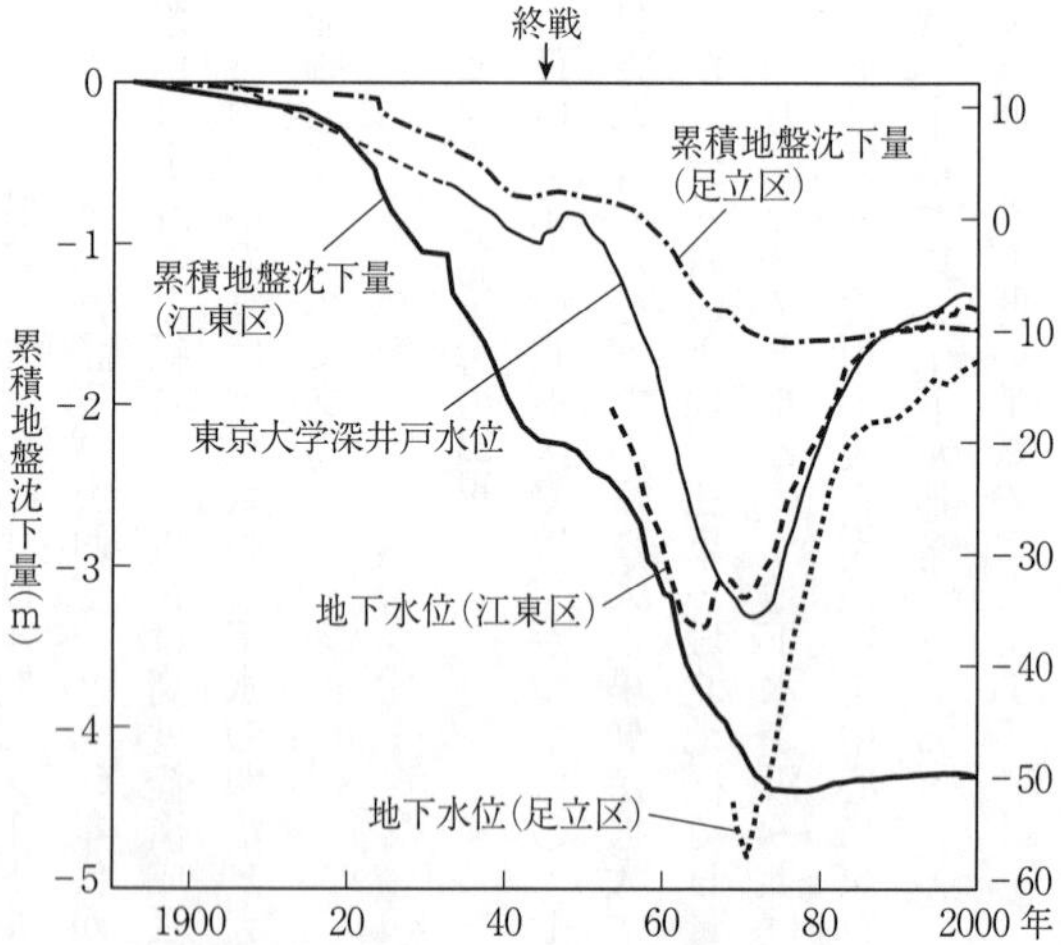

図 1-6　東京低地の地盤沈下の進行(東京都土木技術研究所資料より)．地下水位は東京湾平均海面基準(T. P.)で示す

圧地下水位と、明治中期からの累積地盤沈下量を表したものである。両観測井戸の被圧地下水位のデータは期間的に限られているが、東京大学の深井戸のデータを見ると、地下水位が低下していくにしたがって地盤沈下が進行していることが見て取れる。江東区も足立区も、大正時代末期の一九二〇年代から沈下が激しくなっている。江東区では、一九七〇年ごろに累積四メートルを超える沈下となっている。

昭和初期の一九三〇年前後に、江東区の沈下が一時的に止まっている。これは昭和初期の経済恐慌の影響で工業活動が一時停止したからである。その後、再び地下水が大量に汲み上げられ地盤沈下が進む。そして一九四五年の終戦を迎える。その直前にこの地帯の工場は徹底的に破壊されてしまい、生産活動は完全に停止した。そのため地下水の揚水もなくなり、地下水位が回復し、地盤沈下もそこで進行が止まった。

戦後、地盤沈下の原因についての論争が再燃した。そのとき決め手となったのが、地下水の揚水がなくなって地盤沈下が止まったことを明確に示すこの東京の観測データであった。

戦後は経済復興のなかで工業活動が再開され、地下水の汲み上げは急激に増加し、地下水位も年間二・五メートルのペースで低下した。その結果、年間一〇センチメートル程度の速度で地盤沈下が進行した。一九七〇年代に入ると、本格的な揚水規制が始まり、井戸による汲み上げが禁止され、地下水揚水量は減少し、それまで低下していた地下水位も回復へ向かう。それによって地盤沈下は鈍化し、現在はほとんど沈静化している。

しかし、地下水位は回復したものの、地盤沈下が回復することはない。元には戻らないのである。

浦和水脈

高度経済成長期の大量の地下水利用を、ある巨大な水脈が支えていた。その地下水脈は、当

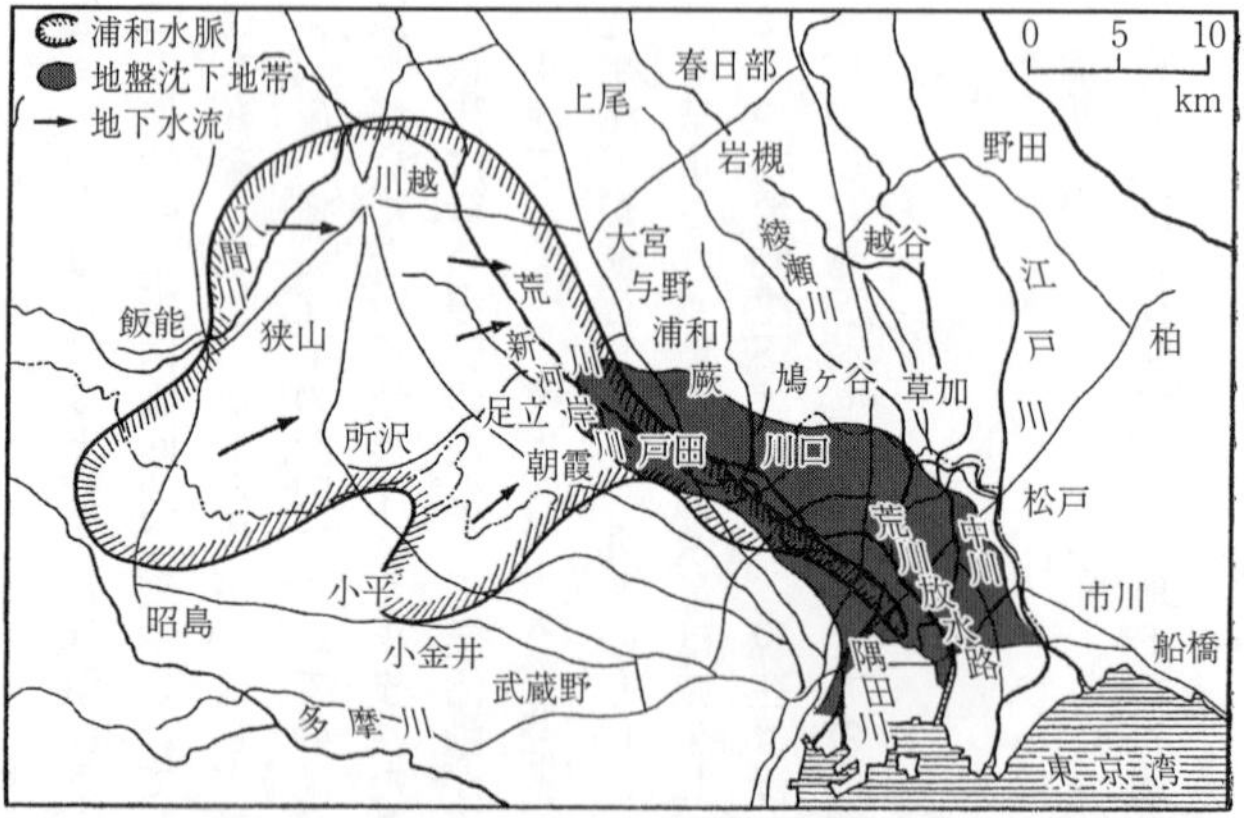

図1-7　浦和水脈（蔵田延男(1962)）

時「浦和水脈」と呼ばれた。

通商産業省工業技術院地質調査所の調査の結果、東京下町低地の江東区から北方へ、荒川区、北区、板橋区とさかのぼり、さらに浦和を通って、川越市北東で西に方向を変え、そこから入間川の扇状地、狭山丘陵を囲む武蔵野台地の被圧地下水につながっていく水脈の姿が明らかになった（図1-7）。

浦和水脈のもとをたどると、東京と埼玉にまたがる武蔵野台地において、表層のローム層を通して広範囲に地中へ浸透（涵養《かんよう》）した降水にいきつく。降水から不圧地下水、さらに被圧地下水へとつながる巨大な流れが、埼玉南部と東京低地の大量の地下水揚水量を支えたのである。

当時、地盤沈下の問題が深刻さを増し、地下水の揚水量を抑制しなければならないことはすでに明白となっていた。揚水規制の動きのなかで、「浦和水脈を保全せよ」ということが専門家によって主張された。つまり地盤沈下は、自然の水脈である浦和水脈の供給能力を超えて揚水していることによる問題であり、浦和水脈を酷使してはならない、保全しなければならないという考え方であった。この地域の利水関係者の間では、浦和水脈は自然の地下水脈と考えられていたのである。

しかし、はたして浦和水脈という自然の水脈は存在したのか？

一九六六年、当時フリーの地質コンサルタントとして地下水問題に取り組んでいた柴崎達雄は、「水は方円の器にしたがわないのか」と題する論文でこの考えに疑問を投げかけた。広域的にまとまった被圧帯水層を地下水盆と呼ぶが、関東地方の帯水層も一つの地下水盆とみることができる。柴崎の議論の骨子は、地下水盆を容器にたとえると、その中に水が満たされているだけでは水は流れず、水が流れるにはどこかでコックが開いていなければならない。関東地下水盆という容器において、コックの役目を果たすのが、江東地区や城北地区での地下水の大量汲み上げであり、浦和水脈はそのために生じた人工の流れである、というものである。

つまり、浦和水脈は確かに存在した。しかしそれは、東京低地における地下水汲み上げの結果として人為的につくられたものだった。現在、東京低地の地下水汲み上げは揚水規制によって限りなくゼロに近づき、かつて一世を風靡した浦和水脈は跡形もなく消滅してしまった。

ゼロメートル地帯の現在

図1-8は、現在の東京低地のゼロメートル地帯を示したものである。中央の濃い影の部分は、標高が東京湾の干潮面以下の地域である。荒川下流の両岸、江東区、墨田区、江戸川区が含まれ、中心部は三メートル以上の累積地盤沈下量を記録している。この干潮面以下の地域の面積は三二平方キロメートルあり、満潮面(干潮面より二メートル高い)以下の地域の面積となると一二四平方キロメートルに及ぶ。さらにその外側の干潮面から五メートルまでの高さの地域は、満潮面よりは高くなるが、高潮によって被害を受ける可能性があるとされている。

二〇一一年東日本大震災の後、太平洋に面した地域では津波襲来の脅威が語られている。東京湾への津波も議論にのぼり、荒川と隅田川にはさまれた江東デルタ地帯は、特にその脆弱性が指摘されている。もともとこの地域は高潮などの水害を受けやすく、東京都も高潮堤防や水門によって水害への安全度を高めてきた。しかし、地震と津波が同時に襲い、高潮堤防が一か所でも切れれば、そこから海水が流入し、しかも、ゼロメートル地帯であるため、水はそのまま溜まり続けて、長期にわたって排水されない状態が続く。さらに橋梁が破壊されれば、安全

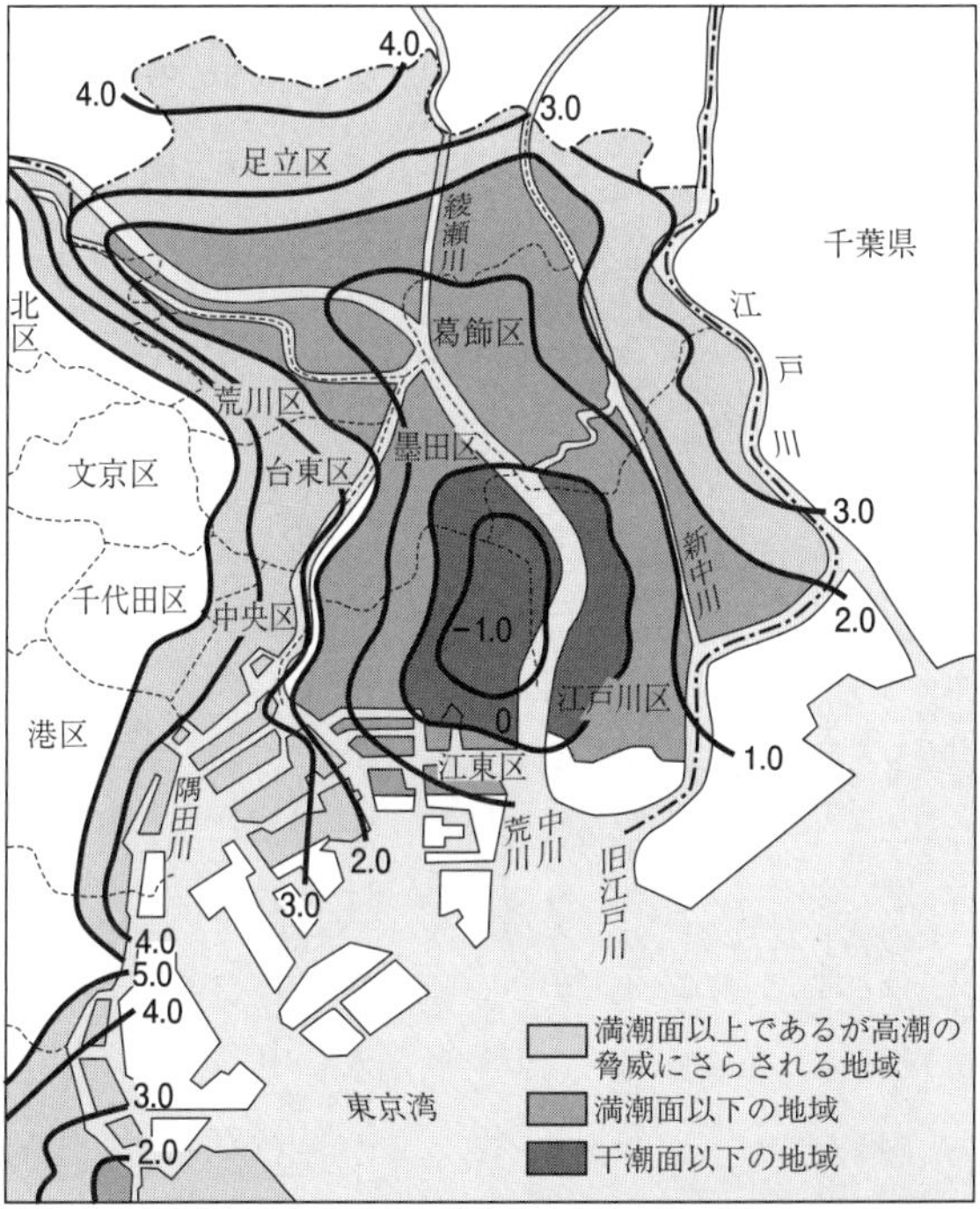

図 1-8　東京ゼロメートル地帯(東京都建設局河川部の資料に基づく). 等高線は霊岸島量水標零位(A. P.)からの高さ. A. P. からの高さは, 東京湾平均海面基準(T. P.)の高さより 1.13 m 高い

な場所へ避難することもできず、浸水したまま孤立する悲劇的な状態が予想される。

深層収縮

図1-6の地下水位と地盤沈下の進行を見比べてみよう。江東地区では、地下水位が上昇に向かった一九六五年ごろ以降も地盤沈下の進行は続いた。東京低地の地盤沈下が沈静化するのは一九七〇年代半ばである。表層沖積層の圧密は、地下水位が上がっても進行するのである。元に戻ることはない。

一方、注意深く図1-6を見ると、八〇年代以降、地盤がわずかながら上昇しているのが認められる。この現象はどのように説明できるだろうか。

東京低地における戦前から戦後にかけての地盤沈下の原因は、前の節で説明した表層収縮であった。目に見える地盤沈下の被害も、建物の抜け上がりなど表層収縮に起因するものが多かった。

しかしその後も、揚水量の増加は止まらず、被圧地下水位が低下して井戸の揚水効率が低くなると、工場はさらに深い井戸を掘り、より下層の被圧帯水層から地下水を汲むようになった。

東京低地の被圧帯水層は、表層の沖積層より古い洪積層であり、非常に厚い。透水性のよい砂・砂礫層の間に、粘土層やシルト層がはさまっている。この粘土・シルト層も、それをはさむ被圧帯水層の地下水位が低下すると、水分が絞り取られて収縮を起こす。洪積層は沖積層に比べて締まっており収縮量は小さいが、全体の層厚が大きいだけに地表面では顕著な地盤沈下量となる。このような洪積層の収縮を、表層収縮と区別して深層収縮と呼ぶ。

東京低地の地盤沈下は、初期においては表層収縮が主体であった。しかし昭和四〇年代に入ると深層収縮が表層収縮を上回り、地盤沈下が深層化した。深層収縮は、沖積粘土層を主体とした表層収縮と異なり、地下水位が回復するとわずかであるが膨張する。図１‐６に見られる地盤沈下のリバウンドはその表れである。

被圧帯水層の不圧化

ここで再び図１‐２の右図を見ていただきたい。被圧地下水位が表層粘土層の底よりさらに低下し、点線のレベルまで下がるとどうなるであろうか。帯水層はもはや被圧状態ではなくなり、井戸のスクリーンを通して地表から空気が流入する。そして水で満たされていない部分が広がっていく。この現象を、「被圧帯水層の不圧化」という。

一九六五年前後に、東京のビル街の地下室で酸欠による事故死が相次いで発生した。一九六四年九月には、新宿のビルの地下三階床下にある揚水ポンプ室に点検に入った作業員三人がガス窒息症状を起こして倒れ、それを助けようとした二人も相次いで倒れ、一人が死亡するという事故が起こった。その後の調査により、東京都心の地下部が酸欠状態になっていることが明らかになった。

地下の酸欠の原因として指摘されたのが、被圧帯水層の不圧化である。被圧帯水層が地下水位の低下によって空気に触れると、砂礫層中で無酸素で還元状態にあった鉄が、空気中の酸素によって酸化される。また、その他の物質も空気に触れて酸化される。この過程で、砂礫層がいわば空気中の酸素を「食べて」しまい、地下の酸欠状態が生じたのである。

4　地盤沈下の現在

現在でも地盤沈下はわずかながら進行しており、問題は完全に終わったわけではない。北関東などでは、渇水のたびに地盤沈下と直面せざるをえないところもある。しかし長期的には、日本の地盤沈下は沈静化しており、地下水の環境問題としても古典的な問題となりつつある。

地下水が回復してきた過程を振り返り、次いで世界と日本の地盤沈下の現状を述べる。

工業用水と地下水

一九五〇年代、臨海工業地帯における地盤沈下の被害が報告され、その原因が工業用地下水の過剰揚水であることが明らかになってくると、地下水の汲み上げを規制する必要性が認識された。しかし当時は、戦後復興から高度経済成長へ向かう時期にあたり、工業生産の増加による産業発展が国家的要請とされていた。そして現実問題として、電力不足とともに工業用水不足が深刻化していた。地下水の汲み上げを規制するためには、工業用水の不足を解決する必要があったのである。

当時、通産省地質調査所において地盤沈下問題を担当していた蔵田延男によると、一九五三年、通産省の産業合理化審議会の運営改組が進められるなかで産業関連施設部会ができ、その工鉱業水道分科会で工業用水の検討を進めることになった。一九五四年二月の分科会では、川崎製鉄から委員として加わっていた上野長三郎がつぎのような発言を行っている。

「川崎製鉄(株)千葉工場は、当初千葉県側の工場誘致運動もあり、水利権の確保の要望を県に出して、これに対する県会の決定をみて建設に着手し、工業用水を印旛沼から取水する計画を立てたが、水利権をめぐって農業用水との競合の問題がでてきて、三カ年を経過した今日においても、まだ解決するに至らない（中略）工業用水の問題は、工場建設の際考慮すべき最重要な立地条件である。」

一九五〇年代、工業用水と農業用水の間の水利をめぐる紛糾は、全国のあちこちで起こっていた。また、工場を誘致するにあたり、工業用水の水源について十分な調査もせずに計画を立て、後から水利に関してトラブルが生じるようなこともあった。

そこで、地下水という、水利権に拘束されない水源を利用することが当然の方策として考えられた。しかし、戦前と決定的に異なるのは、地下水の汲み上げが地盤沈下という深刻な被害を生じることがすでに認識されていたことである。産業関連施設部会の一九五五年の中間報告では、地盤沈下について、「用水の表流水からの取水困難に伴い、工業密集地帯では勢い水源として地下水を採取せざるをえない結果、地下水の濫掘による地盤沈下という社会的にゆるがせにできない結果を招来している地帯も多い。（たとえば、尼崎、大阪、四日市、大垣、浜松、東京江東地区）」という記述がある。

水利権をめぐる農業用水との競合と、地下水利用による地盤沈下というジレンマを抱えた工鉱業水道分科会は、工業用水の水源確保と工業用水施設の整備促進を骨子とする立法措置の必要性を確認して検討を終えることになる。こうして工場建設と用水確保という産業界の強い要請を背景に、一九五六年六月、工業用水法が制定・告示された。

工業用水法

工業用水法は、工業用水に関するわが国最初の法律である。その目的を、「特定の地域について、工業用水の合理的な供給を確保するとともに、地下水の水源の保全を図り、もってその地域における工業の健全な発達に寄与し、あわせて地盤の沈下の防止に資すること」と謳っている。後半の「あわせて」という言葉が如実に語っているように、工業用水の合理的な確保が第一義的であり、地盤沈下防止は副次的であることが読み取れる。

工業用水法を要約すると、(1)地盤沈下など地下水障害のある工業地帯を指定地域とする、(2)揚水機の吐出口の断面積二一平方センチメートル以上の井戸を届け出の対象とする、(3)指定地域ごとに井戸による揚水の基準を定める、(4)基準を満たさない井戸の新設を禁止する、(5)基準外の井戸の新設を禁止するかわりに、工業用水道によって代替水源を提供する、となる。指定地域や井戸の基準などについては、通産省内に設置された工業用水審議会で審議を行う。

工業用水法が施行される過程で、工業用水審議会においてさまざまな議論があった。たとえば、この法律では揚水制限の対象となるのは新設の井戸のみであるが、既設の井戸に対しても制限を加えないと地盤沈下の防止にはつながらない、許可基準について、井戸のストレーナー(スクリーン)の深さが条件とされたが、それだけでは不十分であり、井戸相互の間隔も考えるべきではないか、など法律の実効性にかかわる意見が出された。しかし一方で、既設の井戸に制限を加えることは、土地の所有者はその土地の地下水の所有者になるという民法二〇七条の考え方に抵触するなどの反論もあった。何よりもこの法律の主旨をよく表しているのは、地域指定について、あくまで工業用水道の代替水源を確保できるところに限定するという基本方針である。

工業用水法が成立した一九五六年の翌年には四日市市、川崎市、尼崎市の三つの地域が指定地域とされ、その後、大阪市、横浜市、名古屋市と続き、一九六〇年一二月に東京都の墨田区、江東区、荒川区と足立区の一部、江戸川区の一部が指定地域となり、さらに一九六三年六月、北区、板橋区、足立区の一部、葛飾区が追加指定となった。

ビル用水法

一九六二年、地盤沈下に関連して「建築物用地下水の採取の規制に関する法律」が制定された。これは、主にビルの冷房用地下水汲み上げを対象としたものであるが、前年の第二室戸台風による大阪市の水害が背景にあったといわれている。

大阪の地盤沈下地域では、室戸台風（一九三四年）、ジェーン台風（一九五〇年）、第二室戸台風（一九六一年）と、三度にわたり高潮の被害に見舞われた。明治以来最大の被害をもたらしたといわれる一九五九年伊勢湾台風の翌々年の第二室戸台風では、地盤沈下の目に見えない恐ろしさが行政関係者や市民にあらためて認識された。

この法律は、通称「ビル用水法」と呼ばれたが、工業用水法より厳しい揚水規制基準であった。たとえば、規制の対象となる井戸の基準も、吐出口の断面積六平方センチメートル以上としている。工業用水法を担当したのが通産省であるのに対し、ビル用水法は建設省による制定・施行である。同じ目的をもつ地下水の揚水規制が異なる省によって管理されることになったが、結果としてより厳しい基準をもつビル用水法に合わせるかたちで、工業用水法も一九六二年五月に改正された。

法の改正によって、旧工業用水法のもとではまだ揚水を続けることのできた既設井戸も、基準を満たさないものは廃止し、代替水源への転換を行うことになった。こうして、はじめて工

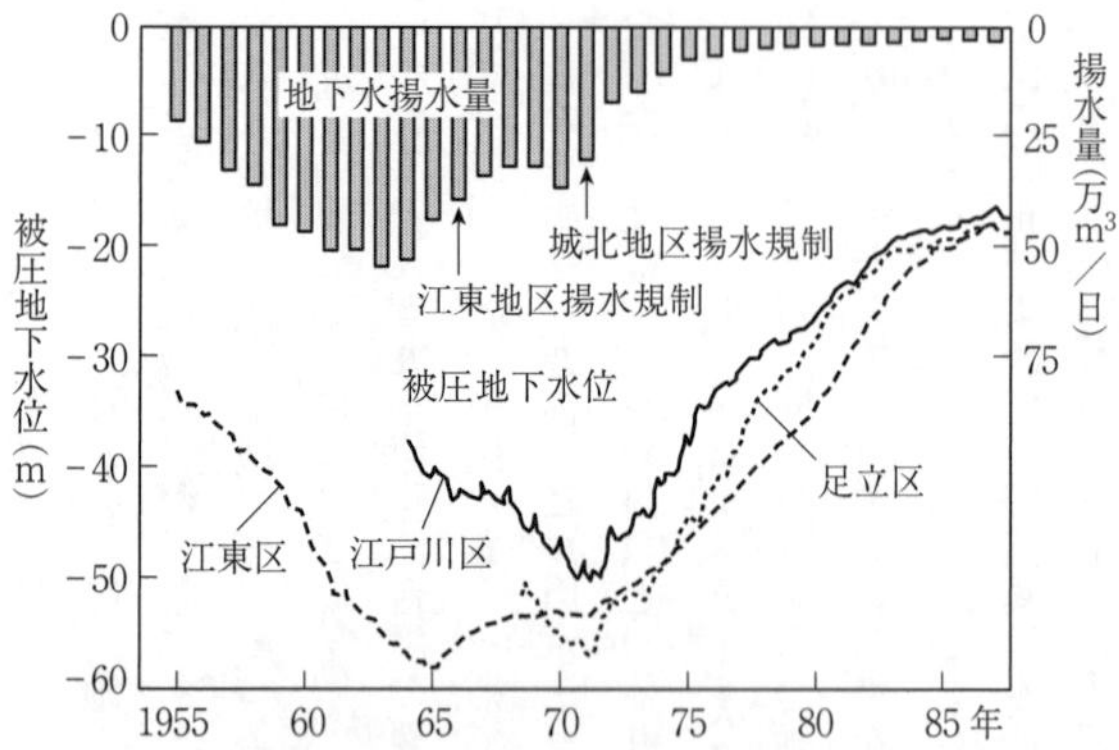

図1-9　東京低地の地下水揚水の変化と地下水位の回復(東京都公害局，東京都土木技術研究所の資料より作成)

業用水法が地盤沈下防止に対する実効性をもつようになった。

地下水位の回復

工業用水法とビル用水法による揚水規制の効果はどうであったか。図1-9は、一九五五〜八七年の東京低地の揚水量と地下水位である。

揚水規制は、江東地区で一九六六年、城北地区で一九七一年に始まり、既設井戸の工業用水道への転換により、揚水量は減少傾向へと転じた。一九七五年ごろには最盛期の一〇分の一ほどになり、以後も徐々にではあるが減少している。

江東区の地下水位は、揚水量の増加とともに低下していたが、揚水量が減少に転じると上昇を始め、以後、揚水量の減少にともなって回復している。最も低下した一九六五年ごろに海面下六〇メートル近くにあった地下水位が、最近では海面下一〇メートルまで上がってきている。城北地区の足立区では江東区にやや遅れて地下水位が上昇し始める。

少し緩慢にはなるものの、地下水位の上昇傾向は平成に入ってからも継続している。

なお、工業用水法とビル用水法の効果とともに、天然ガス採取の規制についても触れる必要がある。新潟市における地盤沈下は、戦後、再び地盤沈下論争を起こした。一九六〇年代に入って、天然ガス採取にともなう地下水汲み上げが原因と確定され、以後、新潟市では天然ガス採取の自主規制が進み、地盤沈下も沈静化していった。東京都江戸川区、千葉県船橋地区でも天然ガス採取による地盤沈下の問題があったが、東京都では、一九七二年、業者から鉱業権を買い取ることで採取を停止した。

地盤沈下防止法案の挫折

地盤沈下は全国的に拡大し、工業用水法やビル用水法の指定地域以外にも広がっていった。これらの法律では、上水道用水や農業用水等は規制できない。また工業用水についても、代替水源の工業用水道が確保できないと揚水規制ができない。そこで地盤沈下防止のための総合的な法制度の必要性が関係者に認識され、一九七四年一一月、環境庁の中央公害対策審議会地盤沈下部会が「地盤沈下の予防対策について」を答申した。

水法の専門家で、地下水は公水とすべきと主張する金沢良雄東京大学教授は、この答申を受けて、地盤沈下防止のための総合的な法的規制をめざして草案づくりを進めた。地盤沈下と水資源問題の専門家として、塩野宏、中野尊正、華山謙、高橋裕らが研究会のメンバーとして加わり、深夜まで審議を繰り返し、同年一二月、「地盤沈下防止法案要綱」をまとめた。環境庁はこの「要綱」を翌年二月に関係省庁に提示した。

一方、建設省は一九七四年一二月、河川法のような公的管理のための「地下水法基本要綱案」を関係省庁に提示し、また通産省などの利水官庁は、現行法の強化で十分との立場から、一九七五年三月、「工業用水法の一部を改正する法律案要綱」を発表した。国土庁は調整役の立場から法案作成の作業を続け、一九七八年三月、「地下水の保全及び地盤沈下の防止に関する法律案」をまとめた。

しかし各省庁の意見はまとまらず、結局、法案は日の目を見ることはなかった。この地下水法案の挫折は、ほぼ同じ時期の環境アセスメントの法制化の挫折を思い起こさせる。

地下水行政には多くの関係省庁がかかわっており、各省庁で地下水利用に対する立場が異なっている。そのことが地下水をめぐる法的な対応を複雑困難な状況にしている。

全国に広がる地盤沈下

一九七〇年代、工業用水法やビル用水法の対象地域で地下水位が回復していく一方で、地盤沈下は全国的に拡大していった。

法制度が確立しないなかで、地盤沈下の被害が激しく、緊急に対応しなければならない地域について、地盤沈下防止等対策関係閣僚会議は地域ごとに対策要綱を策定することを決めた。作業は一九八二年から開始され、一九八五年四月に濃尾平野と筑後・佐賀平野の要綱が策定され、関東平野北部は遅れて一九九一年一一月にまとまった。

首都圏では、南関東を中心とした大正期からの第一次地下水開発に続いて、一九七〇年代後半から、北関東を中心とした新たな地下水開発が始まる。これを第二次地下水開発という。この地下水開発によって、埼玉県を中心に広域的な地盤沈下が広がり、全国的にも深刻な地盤沈下地帯となった。特に、埼玉県では、河川に一定の流量があるときのみ取水できる暫定水利権による利用であるため、渇水年には利用できず、その分地下水取水量が増加し、地盤沈下がいまだに治まっていない。そのため、ダム開発による地下水から表流水への水源の転換が少しずつではあるが進められている。

地盤沈下対策要綱によってもカバーされない多くの地方公共団体では、独自に地下水揚水規制のための条例や要綱等を定めて地盤沈下防止を図った。その数は、三二都道府県、三八五市区町村に及ぶ（二〇一一年三月現在）。

一九七〇年代以降の主な地盤沈下地域は、北海道石狩平野、青森県青森平野、宮城県仙台平野、愛知県濃尾平野、佐賀県筑後・佐賀平野など海に面した沖積低地のほか、山形県山形盆地などの内陸部にも広がった。

地下水の利用目的も、従来の工業用水、ビル用水のみならず、上水道や農業用水も多くなった。仙台平野や山形盆地では、主に農業用水として地下水が利用される。またつぎに紹介するように、豪雪地帯では消雪用に地下水を多量に汲み上げたことが地盤沈下の原因となった。

雪国の地盤沈下

一九七四年ごろ、新潟県六日町（現・南魚沼市）の農村で、井戸の抜け上がりや埋設物の破損など、典型的な地盤沈下の被害が現れ始めた。地盤沈下の原因はもちろん地下水の過剰な汲み上げであるが、それは雪を解かすための消雪用の地下水揚水であった。一九七〇年代後半に入ると、この消雪用地下水の汲み上げによる地盤沈下が日本海側の豪雪地帯で進行し、一九八四年度には、新潟県高田平野(上越市)で年間最大一〇・一センチメートル、同県六日町で九・二センチメートルの沈下を記録した。この数値は、工業用水による地盤沈下がもっとも激しかった高度経済成長期の年間沈下量に匹敵する。

水温が外気より安定的に高い地下水を、道路に埋設された消雪パイプから噴出・流下させて雪を解かす。これは一九六三年に長岡市で実用化された方法である。当初、この散水消雪によって雪を解かすのは幹線道路などの公共施設のみであったが、その後、民家においても屋根や駐車場の消雪に用いられるようになり、地下水の揚水量が莫大なものとなった。

昔は、村人が共同で雪を除去する作業を行っていた。しかし近年、このような共同作業が機能しなくなるなかで、地下水による散水消雪という方式が広まった。ここでも地下水は、河川水などに比べて容易に利用できる水資源としての役割を果たしている。現在、条例や対策要綱による地下水揚水量削減対策が進められているが、根本的な解決には至っていない。

海外の地盤沈下事情

アジア・モンスーン地域の大都市は海に面した沖積平野に展開していることが多く、増加する都市用水を地下水に依存する傾向がある。タイのバンコク、インドネシアのジャカルタ、ベトナムのハノイ、中国の上海・天津など、いずれも増加する都市用水の汲み上げで地盤沈下の被害が生じている。

バンコクの地盤沈下について少し詳しく述べよう。バンコクにおいて初めて地盤沈下が確認されたのは一九六八年である。一九四〇～八〇年の累積で二・一四メートル、一九七八～八二年には年間最大一〇センチメートル沈下した。これは日本の地盤沈下最盛期の沈下速度に匹敵する。バンコクでは、粘土層が最大二六メートルの厚さで表層を覆っており、日本の表層収縮と同じ現象が起こっている。

タイ政府は一九七七年、地盤沈下防止のために「地下水法」を制定した。アジア諸国のなかでは早い対応であった。この法律によって、日本と同様、地域指定によって新たな井戸の掘削や揚水量の制限をした。地下水と地盤沈下の調査を担当する鉱物資源局(DMR)は、地下水取水量を管理する権限をもつ。日本と異なり、地下水管理が一機関に一本化されているのである。DMRは、省令によって一九八五年に地下水の個人使用者から料金を徴収し始めた。国家が地下水料金をとるということは、地下水が「公水」とみなされていることを意味し、これは地下水行政の一元化によって可能になったといえる。

一連の政策により、バンコク首都圏の地下水取水量は一九八四年から減少に転じ、地下水位は回復へと向かい、地盤沈下も一九九〇年代には顕著に沈静化していった。このバンコク首都圏の地盤沈下対策は、日本の工業用水法・ビル用水法と並び、アジアの成功例として評価することができる。

「沈み行く東京」の現在

嘉永六(一八五三)年、ペリー艦隊の来航を受け、江戸幕府は日本で最初の造船工場を石川島(現・東京都中央区佃二丁目)につくった。それが江東地区の近代工業の始まりである。明治・大正期の富国強兵・殖産興業の時代には、江東地区は東京市の全工場の半数近くを占め、戦後は、経済復興と高度経済成長をになう大工業地帯として不動の地位を築いた。

高度経済成長にともなう東京への人口集中は、首都圏の人口過密を促し、地盤沈下や環境汚染などのさまざまな公害問題を引き起こした。そのため、工場の集中を抑制する目的で、一九五九年に工場等制限法、さらに一九七二年に工場再配置促進法が施行された。その結果、江東地区、特に江東区の工場の多くは関東の内陸部へと分散していった。そして移転した工場の跡地には集合住宅が進出し、一九七〇年代半ばごろから徐々に街の風景は変わりはじめ、住宅街へと変貌していった。

明治以降、戦後の高度経済成長期まで、日本経済の成長と発展をになった屈指の工業地帯が、かつてこの江東の地に存在した。しかしいま、高層マンションが林立し、新交通システムの高架が伸びる街の景観に昔日の面影はない。さらに近年、東京湾岸のウォーターフロント再開発によって、臨海副都心も含め、都心に近接したこの地域のあらたな活性化と発展が期待されている。

しかし、荒川下流右岸の江東デルタ地帯は、現在も「ゼロメートル地帯」である。その居住地は、地盤沈下の痛みをかばうように、高潮堤防と重厚な水門によって守られている。

第二章　涸渇する名水

水源が湧水から井戸水に替わった井の頭池(2010 年著者撮影)

1　都市をうるおす湧水

湧水は、地下水が自然に地表に流出しているものである。古代から湧水は、自然の恵みとして人々の生活のなかで感謝をもって利用されてきた。「水神様」によって守られた湧水は、長い歴史のなかで地域の生活のなかに溶け込み、地域社会の一部として大事にされてきた。しかし、戦後の高度経済成長期、特に都市域において水環境が悪化し、水質汚濁が全国的に進行していくと、人々も汚濁の進んだ水辺にはもはや関心をもたなくなった。そして湧水や水の恵みが人々の話題にのぼることもなくなった。

本章では、都市域の湧水の涸渇問題を検討する。一般にはほとんど知られていないことであるが、以下で取り上げる井の頭池をはじめとする湧水の涸渇は、地盤沈下と並ぶもう一つの重大な地下水障害、水循環不全の代表的事例である。それは今日の世界的な地下水涸渇の問題にもつながっているのである。

日本の名水

公害との闘いも一段落した一九八〇年代、人々が経済的な豊かさを実感できるようになると、環境政策も環境の質の向上へと大きく転換した。

一九八五年、環境庁は「名水百選」を発表した（表2-1）。地域の自然財産としての「清澄な水」が注目され、選定されたのである。この「昭和の名水百選」は、清澄な水で、故事来歴を有するもの、自然性が豊かで希少性、特異性、著名度が高いなど、今日言うところの「自然遺産」に類する評価基準によって選定された印象がある。

二〇〇八年、環境省は「平成の名水百選」を新たに選定した（表2-2）。そこでは評価項目として、水質・水量だけではなく、周囲の生態系や保全のための配慮、親水性が挙げられている。特に、水利用の状況や地域による主体的で持続的な保全活動が重視されている。「名水」も環境の時代から文化の時代に入ったことを実感させるものとなった。

「名水」の対象は、昭和と平成、いずれも湧水・地下水・河川である。湧水の数を調べてみると、「昭和の名水」で七七か所、「平成の名水」では六四か所が選ばれている。ここで地下水とは、何らかの取水施設を備えているものであり、いずれも六か所前後である。「昭和の名水」のなかで、特に豊富な湧水量を誇るのは、富山県の黒部川扇状地湧水群、愛媛県の杖ノ淵《じょうのふち》、熊本県の白川水源、北海道の羊蹄《ようてい》のふきだし湧水などである。後述する東京都国分寺市のお鷹の

環境庁，1985年）

57 兵庫県西宮市　宮水	89 熊本県阿蘇郡南阿蘇村　白川水源
58 兵庫県神戸市　布引渓流	90 熊本県菊池市　菊池水源
59 兵庫県宍粟市　千種川	91 熊本県阿蘇郡産山村　池山水源
60 奈良県吉野郡天川村　洞川湧水群	92 大分県由布市　男池湧水群
61 和歌山県田辺市　野中の清水	93 大分県竹田市　竹田湧水群
62 和歌山県和歌山市　紀三井寺の三井水	94 大分県豊後大野市　白山川
63 鳥取県米子市淀江町　天の真名井	95 宮崎県小林市　出の山湧水
64 島根県隠岐郡海士町　天川の水	96 宮崎県東諸県郡綾町　綾川湧水群
65 島根県隠岐の島町　壇鏡の滝湧水	97 鹿児島県熊毛郡屋久町・上屋久町　屋久島宮之浦岳流水
66 岡山県真庭市　塩釜の冷泉	98 鹿児島県姶良郡湧水町　霧島山麓丸池湧水
67 岡山県岡山市　雄町の冷泉	99 鹿児島県川辺郡川辺町　清水の湧水
68 岡山県苫田郡鏡野町　岩井	100 沖縄県南城市　垣花樋川
69 広島県広島市　太田川（中流域）	
70 広島県安芸郡府中町　出合清水	
71 山口県美祢郡秋芳町　別府弁天池湧水	
72 山口県岩国市　桜井戸	
73 山口県岩国市錦町　寂地川	
74 徳島県吉野川市　江川の湧水	
75 徳島県三好市東祖谷山　剣山御神水	
76 香川県小豆郡小豆島町　湯船の水	
77 愛媛県西条市　うちぬき	
78 愛媛県松山市　杖ノ淵	
79 愛媛県西予市　観音水	
80 高知県県西部　四万十川	
81 高知県高岡郡越知町　安徳水	
82 福岡県うきは市　清水湧水	
83 福岡県福岡市　不老水	
84 佐賀県西松浦郡有田町　竜門の清水	
85 佐賀県小城市　清水川	
86 長崎県島原市　島原湧水群	
87 長崎県諫早市　轟渓流	
88 熊本県宇土市　轟水源	

表 2-1　昭和の名水百選

1	北海道虻田郡京極町　羊蹄のふきだし湧水
2	北海道利尻郡利尻富士町　甘露泉水
3	北海道千歳市　ナイベツ川湧水
4	青森県弘前市　富田の清水
5	青森県平川市　渾神の清水
6	岩手県下閉伊郡岩泉町　龍泉洞地底湖の水
7	岩手県八幡平市　金沢清水
8	宮城県栗原市　桂葉清水
9	宮城県仙台市　広瀬川
10	秋田県仙北郡美郷町　六郷湧水群
11	秋田県湯沢市　力水
12	山形県西村山郡西川町　月山山麓湧水群
13	山形県東根市　小見川
14	福島県耶麻郡磐梯町　磐梯西山麓湧水群
15	福島県耶麻郡北塩原村　小野川湧水
16	茨城県久慈郡大子町　八溝川湧水群
17	栃木県佐野市　出流原弁天池湧水
18	栃木県塩谷郡塩谷町　尚仁沢湧水
19	群馬県甘楽郡甘楽町　雄川堰
20	群馬県吾妻郡東吾妻町　箱島湧水
21	埼玉県大里郡寄居町　風布川・日本水
22	千葉県長生郡長南町　熊野の清水
23	東京都国分寺市　お鷹の道・真姿の池湧水群
24	東京都青梅市　御岳渓流
25	神奈川県秦野市　秦野盆地湧水群
26	神奈川県足柄上郡山北町　洒水の滝・滝沢川
27	山梨県南都留郡忍野村　忍野八海
28	山梨県北杜市　八ヶ岳南麓高原湧水群
29	山梨県北杜市　白州・尾白川
30	長野県飯田市　猿庫の泉
31	長野県安曇野市　安曇野わさび田湧水群
32	長野県北安曇郡白馬村　姫川源流湧水
33	新潟県中魚沼郡津南町　龍ヶ窪の水
34	新潟県長岡市　杜々の森湧水
35	富山県黒部市・下新川郡入善町　黒部川扇状地湧水群
36	富山県中新川郡上市町　穴の谷の霊水
37	富山県中新川郡立山町　立山玉殿湧水
38	富山県礪波市庄川町　瓜裂の清水
39	石川県白山市　弘法池の水
40	石川県輪島市門前町　古和秀水
41	石川県七尾市　御手洗池
42	福井県三方上中郡若狭町　瓜割ノ滝
43	福井県大野市　お清水
44	福井県小浜市　鵜の瀬
45	岐阜県郡上市　宗祇水(白雲水)
46	岐阜県美濃市・関市・岐阜市　長良川(中流域)
47	岐阜県養老郡養老町　養老の滝・菊水泉
48	静岡県駿東郡清水町　柿田川湧水群
49	愛知県犬山市～可児川合流点　木曽川(中流域)
50	三重県四日市市　智積養水
51	三重県志摩市　恵利原の水穴(天の岩戸)
52	滋賀県彦根市　十王村の水
53	滋賀県米原市　泉神社湧水
54	京都府京都市伏見区　伏見の御香水
55	京都府宮津市　磯清水
56	大阪府三島郡島本町　離宮の水

環境省，2008 年）

60 滋賀県高島市　針江の生水	89 福岡県朝倉郡東峰村　岩屋湧水
61 滋賀県米原市　居醒の清水	90 熊本県熊本市　水前寺江津湖湧水群
62 滋賀県愛知郡愛荘町　山比古湧水	91 熊本県熊本市・玉名市　金峰山湧水群
63 京都府舞鶴市　大杉の清水	92 熊本県阿蘇郡南阿蘇村　南阿蘇村湧水群
64 京都府舞鶴市　真名井の清水	93 熊本県上益城郡嘉島町　六嘉湧水群・浮島
65 京都府綴喜郡井手町　玉川	94 大分県玖珠郡玖珠町　下園妙見様湧水
66 兵庫県多可郡多可町　松か井の水	95 宮崎県西臼杵郡五ヶ瀬町　妙見神水
67 兵庫県美方郡香美町　かつらの千年水	96 鹿児島県鹿児島市　甲突池
68 奈良県宇陀郡曽爾村　曽爾高原湧水群	97 鹿児島県指宿市　唐船峡京田湧水
69 奈良県吉野郡東吉野村　七滝八壺	98 鹿児島県志布志市　普現堂湧水源
70 和歌山県新宮市　熊野川(川の古道)	99 鹿児島県大島郡知名町　ジッキョヌホー
71 和歌山県東牟婁郡那智勝浦町　那智の滝	100 沖縄県中頭郡北中城村　荻道大城湧水群
72 和歌山県東牟婁郡古座川町・串本町　古座川	
73 鳥取県鳥取市　布勢の清水	
74 鳥取県東伯郡湯梨浜町　宇野地蔵ダキ	
75 鳥取県西伯郡伯耆町　地蔵滝の泉	
76 島根県出雲市　浜山湧水群	
77 島根県安来市　鷹入の滝	
78 島根県鹿足郡吉賀町　一本杉の湧水	
79 岡山県新見市　夏日の極上水	
80 広島県呉市　桂の滝	
81 広島県山県郡北広島町　八王子よみがえりの水	
82 山口県萩市　三明戸湧水，阿字雄の滝(大井湧水)	
83 山口県周南市　潮音洞，清流通り	
84 徳島県海部郡海陽町　海部川	
85 香川県高松市　楠井の泉	
86 愛媛県新居浜市　つづら淵	
87 高知県高知市　鏡川	
88 高知県四万十市　黒尊川	

表 2-2　平成の名水百選

1　北海道上川郡東川町　大雪旭岳源水
2　北海道中川郡美深町　仁宇布の冷水と十六滝
3　青森県十和田市　沼袋の水
4　青森県西津軽郡深浦町　沸壺池の清水
5　青森県北津軽群中泊町　湧つぼ
6　岩手県盛岡市　大慈清水・青龍水
7　岩手県盛岡市　中津川綱取ダム下流
8　岩手県一関市　須川岳秘水ぶなの恵み
9　秋田県にかほ市　獅子ケ鼻湿原“出壺”
10　秋田県にかほ市　元滝伏流水
11　山形県東田川郡庄内町　立谷沢川
12　福島県福島市　荒川
13　福島県喜多方市　栂峰渓流水
14　福島県相馬郡新地町　右近清水
15　茨城県日立市　泉が森湧水及びイトヨの里泉が森公園
16　群馬県多野郡上野村　神流川源流
17　群馬県利根郡片品村　尾瀬の郷片品湧水群
18　埼玉県熊谷市　元荒川ムサシトミヨ生息地
19　埼玉県秩父市　武甲山伏流水
20　埼玉県新座市　妙音沢
21　埼玉県秩父郡小鹿野町　毘沙門水
22　千葉県君津市　生きた水・久留里
23　東京都東久留米市　落合川と南沢湧水群
24　神奈川県南足柄市　清左衛門地獄池
25　山梨県甲府市　御岳昇仙峡
26　山梨県都留市　十日市場・夏狩湧水群
27　山梨県山梨市　西沢渓谷
28　山梨県北杜市　金峰山・瑞牆山源流
29　長野県松本市　まつもと城下町湧水群
30　長野県飯田市　観音霊水
31　長野県木曽郡木祖村　木曽川源流の里 水木沢
32　長野県下高井郡木島平村　龍興寺清水
33　新潟県村上市　吉祥清水
34　新潟県妙高市　宇棚の清水
35　新潟県上越市　大出口泉水
36　新潟県岩船郡関川村・村上市・胎内市　荒川
37　富山県富山市　いたち川の水辺と清水
38　富山県高岡市　弓の清水
39　富山県滑川市　行田の沢清水
40　富山県南礪市　不動滝の霊水
41　石川県七尾市　藤瀬の水
42　石川県小松市　桜生水
43　石川県白山市　白山美川伏流水群
44　石川県能美市　遣水観音霊水
45　福井県小浜市　雲城水
46　福井県大野市　本願清水
47　福井県三方上中郡若狭町　熊川宿前川
48　岐阜県岐阜市　達目洞（逆川上流）
49　岐阜県大垣市　加賀野八幡神社井戸
50　岐阜県郡上市　和良川
51　岐阜県下呂市　馬瀬川上流
52　静岡県静岡市　安倍川
53　静岡県浜松市　阿多古川
54　静岡県三島市　源兵衛川
55　静岡県富士宮市　湧玉池・神田川
56　愛知県岡崎市　鳥川ホタルの里湧水群
57　愛知県犬山市　八曽滝
58　三重県名張市　赤目四十八滝
59　滋賀県長浜市　堂来清水

道・真姿《ますがた》の池湧水群も「昭和の名水」に入っている。

井の頭池の涸渇

湧水が地域の貴重な存在と見られるようになったいま、戦後の高度経済成長のさなかに涸渇してしまった、ある「江戸の名水」のことが筆者の脳裏から離れない。

もう二〇年以上前のことである。筆者は、NHKの「都市と水路」という番組を偶然目にした。その番組は、はじめ一九六三年五月一八日に放送されたもので、一九六〇年代の日本の都市の水辺の表情を鋭い映像でとらえたものであった。一九六四年の東京オリンピックを間近に控え、東京の都市整備が急ピッチで進められていくなか、河川や池、運河といった東京の水辺の映像が特に印象的であった。そこで筆者の目をくぎ付けにしたのは、東京都三鷹市にある名水「井の頭池」の姿である。ナレーションは語る。

「武蔵野の面影をとどめる井の頭公園。この池は神田上水とそれに続く東京の代表的な都市水路、神田川の水源池とされている。

ところが池の水位がいつの間にか下がってしまい、下流に送り出す水は一滴もないありさまである。地下水の汲み上げ、地盤の沈下など原因はいろいろと言われるが正確にはわからない。

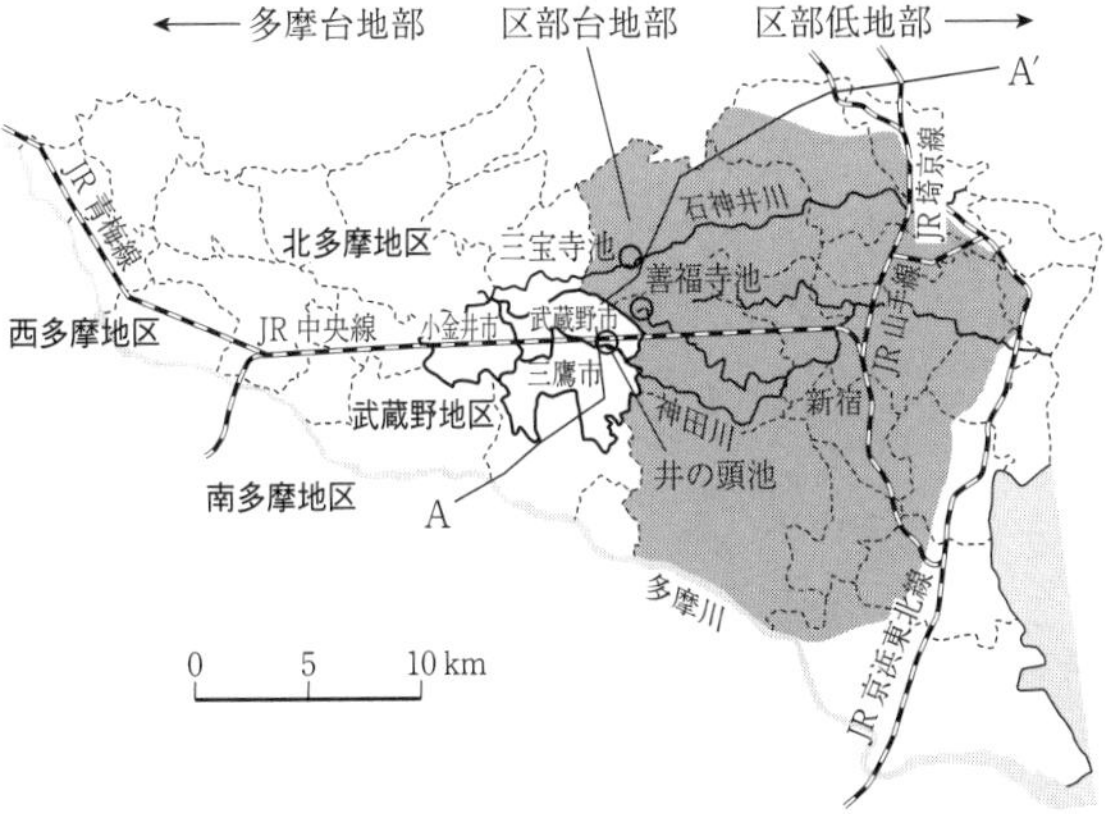

図2-1　東京多摩地区，武蔵野地区と井の頭池

とにかく干上がった水路がつづく。

水路に沿って二、三百メートル行くと、付近の住宅地帯から台所の屑や汚水、洗濯の水が流れ込んでくる。水源池に直結する水路は干上がっているので、物理的にはこの汚水が、神田上水と神田川の源ということになる。」

井の頭池は、東京都武蔵野市と三鷹市にまたがる都立井の頭恩賜公園内にある（本章扉写真）。都内でも有数の湧水池であり、ナレーションのとおり、神田川の水源にあたる（図2-1）。

神田川の歴史は、神田上水であった江戸時代の初期までさかのぼる。徳川家康が関東に入国してから江戸の城下町の整備が始まり、最初に開設された本格的な上水道が神田上水である。完成したのは家光が将軍職にあった寛永年間（一六二四〜四五年)とされている。将軍家光がこの地を狩猟で訪れたとき、この湧水が江戸城内のお茶の水となり、府内の飲用水となっていることから、「井の頭の池」と呼ぶようにと言ったと伝えられている。その後、江戸期を通して、井の頭池は神田上水の水源として、その豊富な湧水を江戸の町に供給し続けたのである。

井の頭池の水は、戦後の一九五〇年代前半までは豊富な湧水によって補給され、清く澄みきっていた。池には、タナゴ、ウグイ、そしてムサシトミヨなどの川魚の棲息も確認されていたという。天然のムサシトミヨは現在、埼玉県の元荒川源流域にしか棲息しておらず、熊谷市の天然記念物に指定されている。

しかし一九六〇年代に入ると井の頭池の湧水は涸れ、水質は悪化し、きれいな水に生存する魚類はいなくなった。その一〇年間に何があったのか。なぜ湧水は涸れてしまったのか。「都市と水路」に映し出された井の頭池のみじめな姿を見ながら、この疑問が筆者の脳裏に強く残った。

さまざまな湧水

井の頭池に湧出する地下水はどこからくるのだろうか。ここで湧水について解説しておこう。

山のふもとなどで、崖の前面にできた小さな窪みから水が湧き出ているのを見た経験をもつ人は多いだろう。これは地下水が自然状態で地表に流出しているものである。地下水が直接、河川や湖沼などの地表水にしみ出している場合もある。河川や湖沼といっても、身近な小河川や池などが湧水のスケール感に合っている。

このような湧水は、自然の水が地球をめぐる水循環のプロセスの一部である。降水が浸透して地下水となり、それが地表へと流出する。

流出する地形によって、湧水は多様な形態をとる。湧水にはおよそ五つのタイプがある。まず、台地の段丘崖において、崖裾《がけすそ》の前面から地表に湧き出している崖線《がいせん》タイプと、そのまま湿地や池に湧き出している湿地・池タイプが挙げられる。井の頭池は後者の例である。

つぎに、山地や丘陵地の谷の奥にある谷頭《こくとう》から湧出する谷頭タイプがある。登山の経験のある人なら、谷の小さな沢をたどっていくと、奥に清涼な水が湧き出しているのを見つけたこともあるだろう。丘陵地においても、規模は小さいが同じタイプの湧水が見られる。

同じ山地でも火山岩地帯では、溶岩流の堆積物や岩盤の割れ目を通って湧出する火山タイプがある。富士山に降った雨や雪解け水が三島溶岩流に浸透して湧き出しているのが、「昭和の名水百選」にも選ばれている柿田《かきた》川《がわ》湧水群である。

最後に忘れてならないのは、扇状地の扇端部《せんたん》において自噴する扇端タイプの湧水である。代表例としては富山県の黒部川扇状地湧水群が挙げられる。扇状地では、伏流水が自噴する場合が多い。前章の「浦和水脈」の項で、被圧地下水は自然の状態ではほとんど流動しないと述べたが、扇状地では被圧地下水が自然に流動している。

台地の湧水

ここでは台地の崖裾に湧いているタイプについて詳しく紹介したい。台地とは一般に平坦に広がった地形をさすが、特に洪積台地のことをいう。すなわち、最終氷期までの洪積世に形成された扇状地、三角州、海岸平野などの平坦な面が、その後の海水準の低下、あるいは地殻変動によって隆起してつくられた地形である。地形としての規模は小さいものの、北は北海道から南は九州まで数多く分布している。関東では東京と埼玉にまたがる武蔵野台地や千葉の下総《しもうさ》台地、関西では大阪の上町《うえまち》台地、九州南部のシラス台地が挙げられる。

図2-2は、東京の地質断面を模式的に表した図である。東から西へ、沖積低地、洪積台地（段丘）、丘陵、山地と並んでいる。地質的には、新しい地質が古い地質に重なっている。最終氷期以降の沖積低地については、第一章で詳しく述べた。それより古い洪積台地はいくつかの

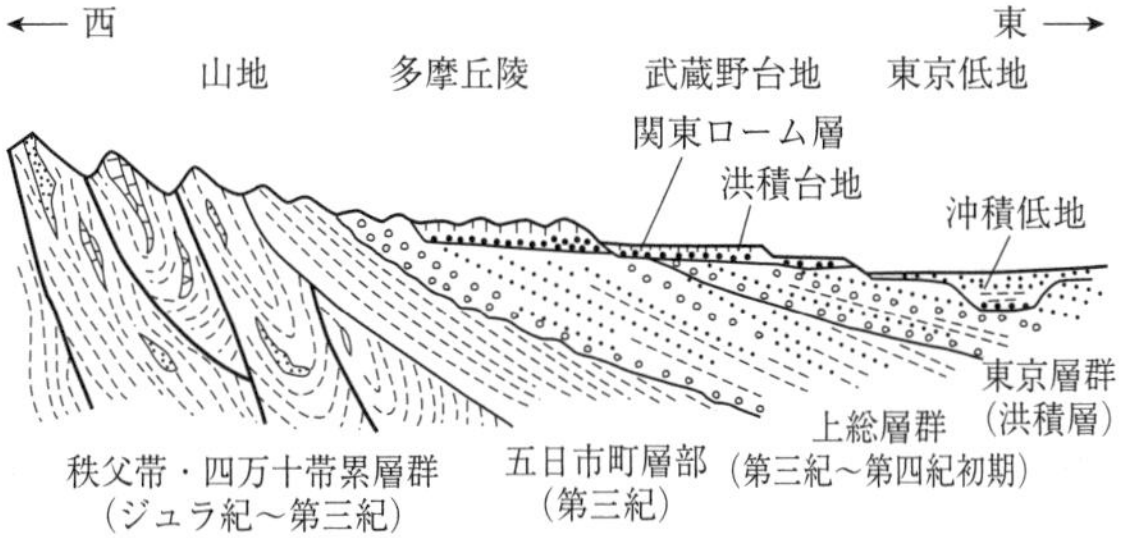

図2-2　東京の地下の東西断面模式図(貝塚爽平監修『東京都地図のガイド』(コロナ社)を簡略化)

段丘面からなり、沖積低地との境界、また段丘面の境界が崖になっている。その崖から湧き出す水が崖線タイプの湧水となる。

武蔵野台地の表層には関東ローム層があり、その下に武蔵野礫層が分布している。この二つの地層は透水性が高く、不圧地下水(加圧層が覆う被圧地下水に対して、帯水層の上に加圧層がない地下水)の帯水層となっている。この不圧地下水が崖から湧き出るのが武蔵野台地の湧水である。

地下を流れる川

武蔵野台地の不圧地下水が崖から湧き出る様子を図2-3に示した。第一章で紹介した沖積低地の地下水は被圧地下水であった。被圧地下水の帯水層は、上から難透水層によって蓋をされ、圧力を加えられており、雨が直接浸透しない。これに対し、洪積台地では雨が地表から帯水層に直接浸透して

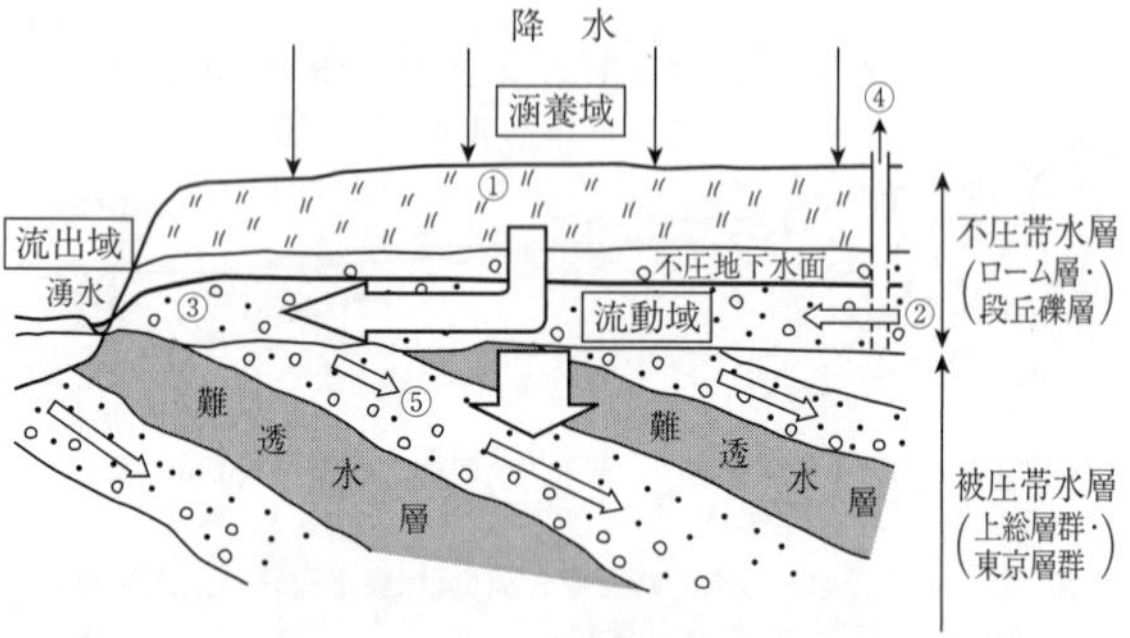

図2-3　洪積台地の湧水の仕組み．地下水は，①降水によって直接涵養され，②帯水層を流動して，③崖下で湧水となって流出，または④浅井戸から揚水される．⑤被圧帯水層への漏水．武蔵野台地では，不圧帯水層と被圧帯水層が接している

地下水となる。武蔵野台地では、雨水は地表からローム層を通って浸透し、不圧地下水を涵養している。不圧地下水には地下水面があり、自由に流動しているため、自由地下水（あるいは自由面地下水）と呼ばれることもある。それは「地下を流れる川」というイメージに近い。湧水は、地下水面と地形面が交差するところで流出する。

この図から、不圧地下水位が低下すると湧水が涸渇することがわかる。

図2-3でもう一つ注意してほしいのは、不圧帯水層の下方に、難透水層に挟まれた被圧帯水層が分布していることである。しかも、不圧帯水層に対して斜めに接している。この被圧帯水層は、図2-2の上総《かずさ》層群と東京層群に対応する。通常は、厚い難透水層が不圧地下水と被圧地下水を隔てているが、

武蔵野台地では、二つの帯水層はつながっている。

図2-3には、降水から地下水へ、そして湧水へという水の流れも示してある。それらを涵養域・流動域・流出域として区分する。ここでは、被圧地下水はその下位に存在していて、直接この流れには加わらないと考える。

早い時期の涸渇はなぜ？

以上、武蔵野台地の湧水の仕組みを説明してきた。それでは、井の頭池はなぜ涸渇したのか。

NHKの「都市と水路」を見た一九八五年ごろ、筆者は東京の都市河川や地下水の研究に従事していた。井の頭池が涸渇した一九六三年に東京都が深さ一一一メートルの深井戸を、さらに一九六九年に深さ一二〇メートルの深井戸三本を掘り、計四本の深井戸で地下水を汲み上げて池に補給していることは知っていた。人間にたとえれば、生命維持装置でかろうじて生きながらえている状態である。しかし、一九六〇年代前半という早い時期に、井の頭池の湧水が止まっていたとは想像もしていなかった。

長い間こんこんと湧いていた水が、都市化と宅地開発にともなって涸渇する。その原因としてよく挙げられるのが、「不浸透域の拡大」である。不浸透域とは、舗装道路や屋根など、雨水が浸透しない地表面の部分をさす。不浸透域に降った雨は、地面にしみ込まず、直接下水道に流れてしまう。都市化によって不浸透域が拡大すると、雨水が地下水へと浸透する量が減少するため、地下水、そして湧水が涸渇するというわけである。

井の頭池についても、同様の話を聞く。しかし、筆者がこのような説明に疑問をもつのは、井の頭池が涸渇した一九六三年という時点では、まだ都市化という現象が自然の水循環に大きな影響を与えたとは思えないからである。一九五〇年代に、地下水の涵養域と考えられる三鷹市、武蔵野市、小金井市などの地域で、水循環が激変するほど不浸透域が広がっていたであろうか。

興味深いことに、番組のナレーションでは、井の頭池の湧水涸渇の原因として、正確にはわからないがと断りながら、地下水の汲み上げ、地盤沈下という説を取り上げている。今日、私たちが常識として知っている不浸透域の拡大説には触れていないのである。

武蔵野台地の湧水涸渇

井の頭池の湧水が涸れたころ、同じ神田川水系の善福寺《ぜんぷくじ》川の水源である善福寺池の湧水も涸渇し、さらには北を流れる石神井《しゃくじい》川の水源である三宝寺《さんぽうじ》池の湧水も減少し、一九七一年に完全に涸渇している。つまり、井の頭池の湧水涸渇は、武蔵野台地で起こった広域的な地下水涸渇の一部と考えられる。その原因は、東京における戦後の地下水開発の歴史の文脈のなかではじめて明らかになる。

戦後の東京の都市化は、区部から西の多摩地域へ向けての都市域拡大の歴史であった。東京へ人口が集中することによって、大量の生活用水が必要となった。東京の生活用水の需要の増大に対して、東京都水道局管轄の二三区については多摩川の小河内《おごうち》ダム、さらに利根川水系の矢木沢ダムをはじめとするダム群の開発によって生活用水がまかなわれたが、多摩地域の多くの市では深井戸による大量の地下水開発が進められた。つぎの節で詳しく述べるように、その地下水の汲み上げが、やがて苛酷なまでに自然の水循環を変えてしまったのである。

2　井の頭池はなぜ涸渇したか

武蔵野台地では、民家が各々の浅井戸の水を利用する時代が長かった。多摩地域のみならず、都区部の山の手地区においても、多くの民家に不圧地下水を汲む浅井戸があり、戦争直後までは日々の家庭用水として利用されていた。武蔵野台地の河川の水も、もともとは井の頭池や善福寺池などから湧出している不圧地下水である。

一九五七年、水道法が制定され、水質基準を満たせば上水道事業の営業が許可されるようになった。すると、水質が良好で大量揚水が可能な深層の被圧地下水は最適の上水道水源となり、被圧地下水を水源とする水道事業が全国的に創設されていった。東京多摩地域においても、市が水道事業として深井戸を掘削し、被圧地下水を汲み上げ、上水道として供給するようになったのである。民家の浅井戸は、雑用水の井戸に変わっていった。

この大規模な地下水開発時代以前に、武蔵野台地の地下水の状態を調べた研究者がいる。

戦前の武蔵野台地の地下水

地理学者の吉村信吉は、武蔵野台地の地下水について詳細な調査を行い、雑誌『地理学評論』の論文や、『地下水』(一九四二年)という本にまとめている。吉村は、自転車で民家の井戸を捜し、手作業で地下水位を測定し、それをもとに多数の地下水面図を作成した。その一枚を図2-4に示す。

この地下水面図は、冬の渇水期のもので、このときは地下水位が戦前で最も低下していた時期の一つにあたる。西から東へ地下水面が低くなっていることが読み取れる。不圧地下水を

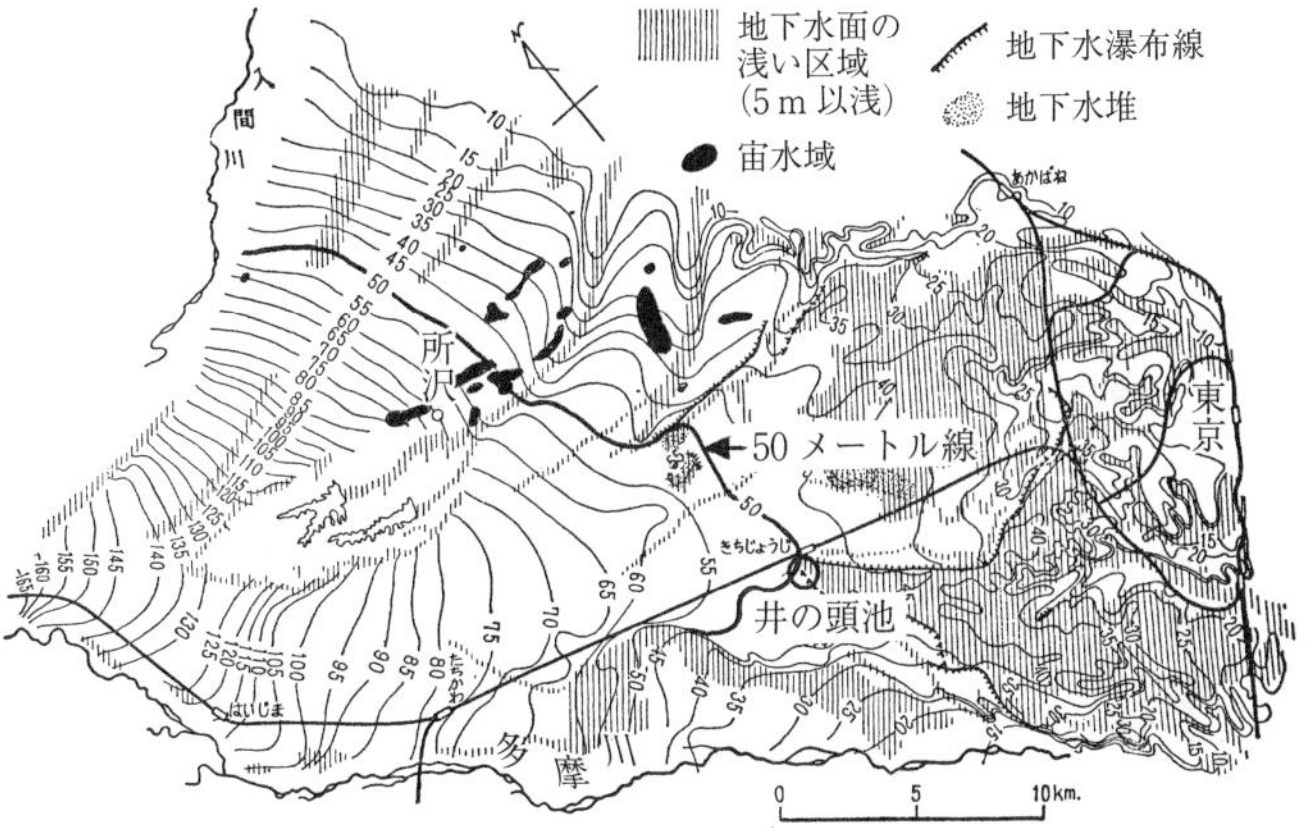

図2-4　武蔵野台地の冬季渇水期の不圧地下水位(吉村信吉(1940)の図に加筆)．東京湾平均海面基準(T. P.)の高さを等高線で表す

「地下の川」といったが、等高線の高いほうから低いほうへゆっくり流れていると考えれば全体をつかむことができる。

地理学者の壽圓《じゅえん》晋吾は、一九五二年の『地理学評論』で、武蔵野台地の不圧地下水は東京湾平均海面上の標高五〇メートルの地下水面から湧出していると述べた。実際、当時の地下水面図において標高五〇メートルの等高線をたどると、神田川水源の井の頭池、善福寺川水源の善福寺池、石神井川水源の三宝寺池を通っている。図2-4の渇水期の地下水面では、ちょうど井の頭池のところに「五〇メートル線」が通っていることが確認できる。

この「五〇メートル線」が東へ動くか、西へ動くかで、井の頭池の湧水の涸渇が左右される。すなわち、「五〇メートル線」が西へ動けば井の頭池の地下水位は下がり、湧水が止まると予想される。

武蔵野台地の不圧地下水位の調査は、戦後、自治省消防研究所の細野義純によって継続された。地下水位は、降雨によって年ごとに、また季節的に変動している。不圧地下水位が長期的にどう変化したかを見るためには地下水面図を比較すればよい。しかし両者が同じ条件であればよいが、現実にはそれは不可能である。細野義純による地下水面図は、一九六七年から七四年にかけてのものが公表されている。これらの地下水面図の間では、地下水位は大きくは変化していない。ただ、「五〇メートル線」は図2-4の五五メートルの等高線付近まで西側に位置を変え、井の頭池付近では地下水位が四〜六メートル低下している。井の頭池の湧水は涸れて当然という状況である。

それではこの広域的な不圧地下水位の低下はなぜ生じたのか。つぎにその原因について考えよう。

武蔵野台地の水収支

水文学《すいもんがく》で水収支という方法がある。対象とする領域での水の出入りを、貯金箱への金の出入りに置き換えて考えればわかりやすい。水の流入が収入、流出が支出、収入と支出の差が貯金、すなわち水の貯留量の変化に相当する。その貯留量の変化は、地下水位の変化として観測することができる。不圧地下水の水位が長期的に低下するということは、水収支がその間に赤字を重ねてマイナスになったことを意味している。

不圧地下水の水収支を、図２-３について見てみよう。収入は、①地表への降水（涵養）、②水平方向（ここでは右方向）からの流入。支出は、③水平方向（ここでは左方向）への流出（崖からの湧水）、④浅井戸からの揚水、そして、⑤下方の被圧帯水層への漏水である。

浸透域の減少か？

これらの収支項目は戦前から戦後にかけてどのように変化したのだろうか。まず、①地表からの涵養について検討しよう。先にも触れた、道路や民家の屋根などの不浸透域の増大の可能性である。しかし、武蔵野地区三市（武蔵野市、三鷹市、小金井市）の不浸透域の精密な資料はない。そこで以下のような試算を行った。不浸透域は、一般に、道路と建物屋根の面積の合計として求められる。『東京都統計年鑑』の宅地面積に建ぺい率を乗じて屋根面積を算出し、それに道路面積を加えて不浸透域面積を推定できる（建ぺい率を五〇％と大きめに設定）。しかし、これをそのまま不浸透域とすることには問題がある。屋根に降った雨が樋《とい》から庭などの浸透域へ流れることもあるからである。つまり雨水が直接下水道へ導かれるかどうかが重要となる。下水道が普及すると、道路や屋根に降った雨のうち庭などの浸透域へ流出する分が減り、直接下水管から下水処理場や河川へ流れる分が増える。よって、同じ道路・建物屋根面積でも、実質的な不浸透域は、下水道の普及によって拡大するのである。

井の頭池が涸渇する一九六三年ごろまでの一〇年ほどの間、実質不浸透域はいずれの市も二〇〜三〇%と試算され、微増にとどまっている。なぜなら、武蔵野地区で下水道の整備が始まるのは一九六〇年代後半からで、それまでは道路もほとんど舗装されておらず、宅地の屋根の雨水も庭に流しっぱなしであった。一九五〇年代に都市化によって不浸透域が拡大したという説明には、いささか無理があるといわざるをえない。

残る収支項目を見ていく。まず、④浅井戸からの揚水である。これは民家で使用している浅井戸であるが、一九五〇年代後半以降、市が水道事業を開始したことにより使用人口が急速に減少した。つまり、ここでの支出はむしろ減少である。

つぎに、②水平方向からの流入である。もし、地下水の上流側に大きな地下構造物が建設され、それによって地下水の流れが堰《せ》き《と》止められること（流動阻害）があると、地下水の収入は減少する。当時、公園のまわりにマンションが建てられたことが原因で流動阻害が発生したという意見もあるが、かりにそうだとしても、それによって長期にわたって地下水位が低下したままになることは考えにくい。また、③水平方向への流出は、井の頭池への湧水が涸渇したためゼロ、すなわち支出は減少である。

最後に残るのが、⑤下方の被圧帯水層への漏水という支出項目である。

武蔵野台地では、一九五〇年代から、被圧地下水の大規模な開発が行われた。筆者は、この地下水開発が不圧地下水に間接的に影響したと考えている。詳しく検討する前の準備として、不圧地下水の涵養量について触れておきたい。

一日一ミリ

天気予報などでは、雨の量を「一時間に△ミリメートル」という言い方で表すが、これはある地域で一時間に降る雨の量を、その地域の面積で割った値である。雨が流れ去ったり地面にしみ込んだりしなければ、その深さの水たまりができる。同じように、地下水の揚水量についても、一日あたりの量をその地域の面積で割って、「一日あたり△ミリメートル」と表すことができる。

地下水が汲み上げられると、帯水層内でそれを補うように地下水の移動が生じる。それによって補給されるより速いペースで汲み上げると、貯留量は減り、地下水涸渇につながる。不圧帯水層に対する補給は、降水による涵養である。それでは地下水の自然の涵養量はどの程度か。地域によって違いがあるが、おおむね一日あたり一ミリメートルが目安となる。

たとえば、日本の河川の渇水流量(渇水時の河川流況を表す指標で、年間を通じて三五五日間はこれを下回らない流量)を流域内の雨量に換算すると、自然流域では地質によって一日あたり一～二ミリメートル程度となるが、全国平均では一・一ミリメートルという数値が示されている。また、東京都の公害局が一九八〇年に実施した地下水収支調査では、地表から不圧地下水への涵養量として、東京二三区の台地部で一日あたり一ミリメートル弱、多摩地域で一ミリメートル強と算出された。

この、「一日一ミリメートル」という値は、地下水との関連で水循環を評価する重要な指標である。

武蔵野台地の地下水開発

東京二三区から西へ、武蔵野地区、北多摩地区、南多摩地区、西多摩地区と並んだ多摩地域

（図2-1参照）の戦後の人口増加のカーブをみると、興味深いことに、経年的に順序よく東から西へ増加している。最初に人口が増加する武蔵野地区は、三鷹市、武蔵野市、小金井市という二三区に近い三つの市である。つぎが北多摩地区で、立川市、小平市、国立市、府中市など西側に並ぶ一五市が続く。そして南多摩、西多摩へという緩やかな増加の波がさらに後を追う。まさに東から西のほうへ宅地化が進み、都市域が拡大し、波動的に人口が増加していったのである。

武蔵野地区三市は戦前からすでに人口増加が認められるが、戦争による人口の減少もなく、そのまま戦後も増加していった。一九四五年から七五年までに、武蔵野地区では四・五倍の増加、北多摩地区では六・五倍の増加である。南多摩地区は、主に一九六〇年代後半から進められたニュータウン開発により人口が増加していった。

多摩地域の上水道事業の深井戸は、一〇〇～二〇〇メートル、ところよっては二〇〇メートルを超える深さで、一本の井戸からは一日一〇〇〇立方メートルを超える地下水が汲み上げられた。これを地域の面積で割ると、一九六〇年代には武蔵野地区すべての市でこの一日一ミリメートルを突破し、一九七〇年前後になると、武蔵野市、三鷹市で三～四ミリメートルという驚異的な水準に達している（図2-5）。

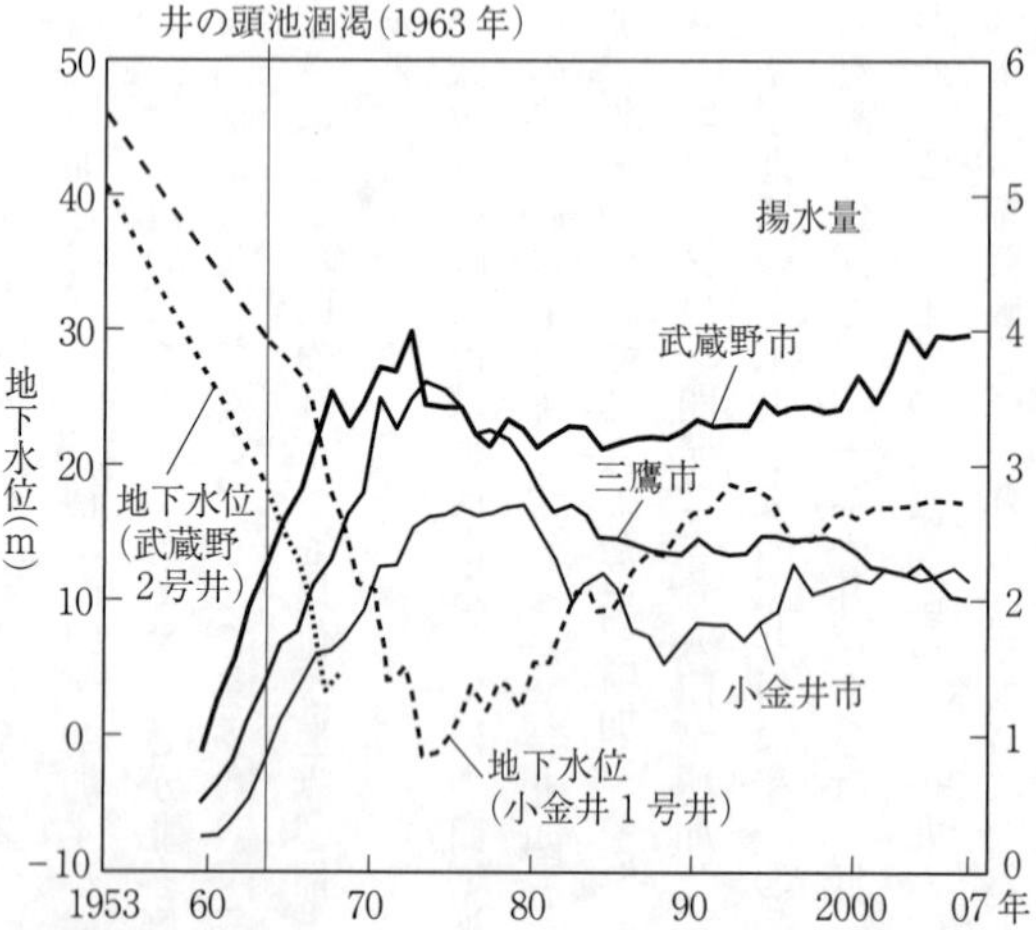

図2-5　東京武蔵野地区3市の揚水量と被圧地下水位の変化．地下水位は東京湾平均海面基準(T. P.)．揚水量は南関東地方地盤沈下調査会と東京都環境局，地下水位は北多摩水資源対策促進協議会「水道統計」と小金井市による

このような被圧地下水の揚水量の増加に対応して、被圧地下水位はどのように変化しているか。武蔵野市の二号井の地下水位は、竣工した一九五三年から井の頭池が涸渇する一九六三年まで一年に二メートルという急速なペースで低下している(なお、ここでの地下水位は静水位である)。小金井市の一号井もよく似た水位低下を示している。

この急激な被圧地下水の水位低下によって、不圧地下水の「漏水」が生じていたと推測される。

漏水の実態

図2-2と図2-3をもう一度見てみ

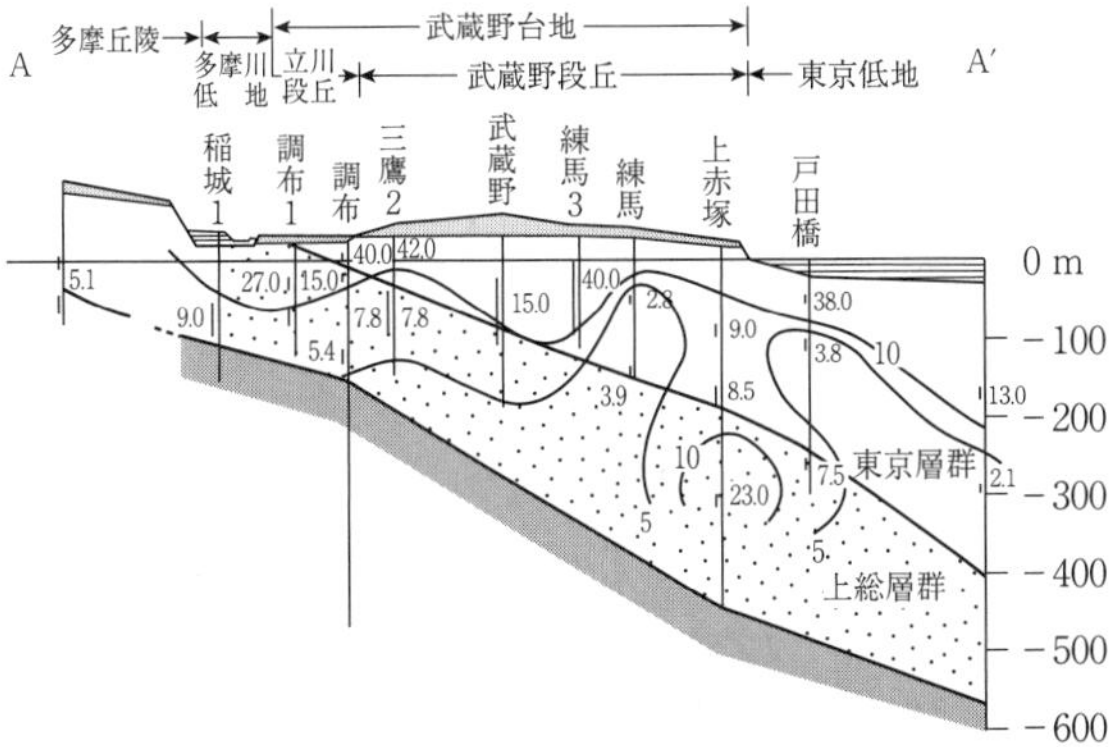

図 2-6　武蔵野台地の地下水のトリチウム濃度の分布(東京都土木技術研究所の資料に加筆). 1975 年の測定. 単位：TR. 測定位置は図 2-1 の A—A′ に沿う. 5TR および 10TR の等高線を示す

よう。武蔵野礫層の下には被圧帯水層を構成する東京層群・上総層群が分布しており、これらの地層は接している。被圧帯水層は何層にも重なっているが、重要なのは不圧帯水層とつながった最上部の被圧帯水層である。被圧地下水の水位が低下すると、不圧帯水層がつながっていれば、引きずられるように不圧地下水が漏水することが容易に推察される。不圧地下水と被圧地下水を隔てる難透水層が薄くなっているか、あるいは破れている場合も同様のことが起こる。

　水質の面からそれを裏づける調査結果がある。一九七五年ごろ、東京都土木技術研究所は、地下水の流動を調べる目的で水質調査を実施した。図2-6は、被圧地下水中のトリチウム濃度の分布である。武蔵野台地をほぼ南北に縦断する線(図2-1のA―A′)に沿った断面図である。

トリチウムは水素の放射性同位体で、半減期一二・六年で濃度が低減する。水爆実験が開始された一九五二年以前には、自然条件下での降水中の濃度は約一〇TR(一TRは水素原子10^{18}個にトリチウム一個の濃度)であったが、水爆実験開始後は数十～数百TRに達した。したがって一〇以上の濃度を示す地下水は、一九五二年以後の降水が涵養したものと見なすことができる。図2-6を見ると、武蔵野市から練馬区にかけての深さ一〇〇メートルの地点でトリチウムの濃度が一〇～四〇を超え、また多摩川左岸地下でも高濃度を示している。このことは、この地域の被圧地下水が地表から涵養されていることを示しており、言い換えれば、不圧地下水や表流水から被圧地下水への漏水が生じていることを意味する。この調査では、導電率や塩化物イオンによる分析も行っており、同様の傾向が確認されている。

なお、地層の構造に起因する漏水以外に、もう一つの可能性がある。それは、井戸のまわりを通って漏水が生じるケースである。井戸を掘削すると、井戸のケーシング(鋼管)と掘削孔の隙間に砂利を充填する。この垂直に連続する砂利の遮水が適切でないと、不圧地下水がこの砂利を通って被圧帯水層へ漏水し、さらに下位の被圧帯水層へ流下する。この人為的な漏水は無視できない。井戸の構造に起因するこの漏水については、第四章第1節で詳しく述べる。

水循環不全

武蔵野地区三市の被圧地下水の揚水量は、一九六〇年代に自然涵養量を超え、さらにその三倍、四倍と増加した。この揚水量を補うために、不圧地下水が下方の被圧帯水層へと漏れ出した。

井の頭池の湧水が涸渇したのは、一九五〇年代から始まる武蔵野台地の急激な被圧地下水開発が原因である。被圧地下水位の低下により、武蔵野地区周辺の水循環が苛酷なまでに変えられてしまったのである。この現象を「水循環不全」と呼ぶ。

3　水循環不全という地下水障害

水循環不全の影響は、たとえば不浸透域の拡大による涵養量の減少とは比べものにならないほど大きい。このことは地下水を含めた水循環全体を考えると理解できる。

健全な水循環

地球上の水は太陽のエネルギーを受けて循環している。水文学の教科書によると、降水は地表に到達すると、(1)地表面を流れて洪水になる成分(洪水流出)、(2)地中へ浸透して不圧地下水となり、ゆっくりと河川へ流出する成分(地下水流出)、(3)地表の水面から蒸発したり、植物の葉の気孔から大気中へ蒸散して逃げていく成分(蒸発散)の三つの経路に分かれる。そして陸面から蒸発・蒸散した水は海面からの蒸発分とともに上空で雲になり、また降水として地表へ戻ってくる。この自然のサイクルを水文循環、略して水循環という。

地下水流出は目に見えないが、水循環に大きな役割を果たしている。平常時の大河川を見ればわかるように、雨が数か月降らなくとも川には水が流れている。この川の水は、以前に降って地面にしみ込んだ降水が、地下水となって少しずつ河川へしみ出して平常時の流量となっているのである。これは基本的には不圧地下水の流出である。

右の三つの経路には、被圧地下水は登場しない。不圧地下水と被圧地下水の間に厚い難透水層が存在していることが前提となっているからである。

水循環不全

地下水揚水によって被圧地下水位が低下し、不圧地下水との圧力差が大きくなった場合に、不圧地下水は、自然の水循環にしたがって湧水や河川へ至る前に、被圧帯水層に漏出してしまう。これが水循環不全である。

被圧地下水への漏水がなければ、たとえ不浸透域の増加によって地下水の涵養量が減少したとしても、まだ正常な水循環の範囲内にあると考えることができる。洪水流出、地下水流出、蒸発散の合計は変わらず、降水量の分配が変化するだけである。このような涵養量の減少は、「水循環の悪化」と呼ぶべきであろう。

湧水が涸渇するという現象は同じであるが、原因はまったく異なり、したがって対策も変わる。水循環の悪化を改善するには、たとえば浸透ます（屋根の雨水を樋《とい》から下水管でなく地中に掘った穴に導き浸透させる装置）などの雨水浸透施設の設置を進め、涵養量を増加させることが有効である。しかし、より重症である水循環不全に対しては、揚水量を削減して被圧地下水位を上昇させ、漏水をなくすことが唯一の対策となる。

水循環不全の進行

昭和五〇年代半ば、筆者は武蔵野台地の地下水調査のため東京都小金井市の浄水場を訪れた。

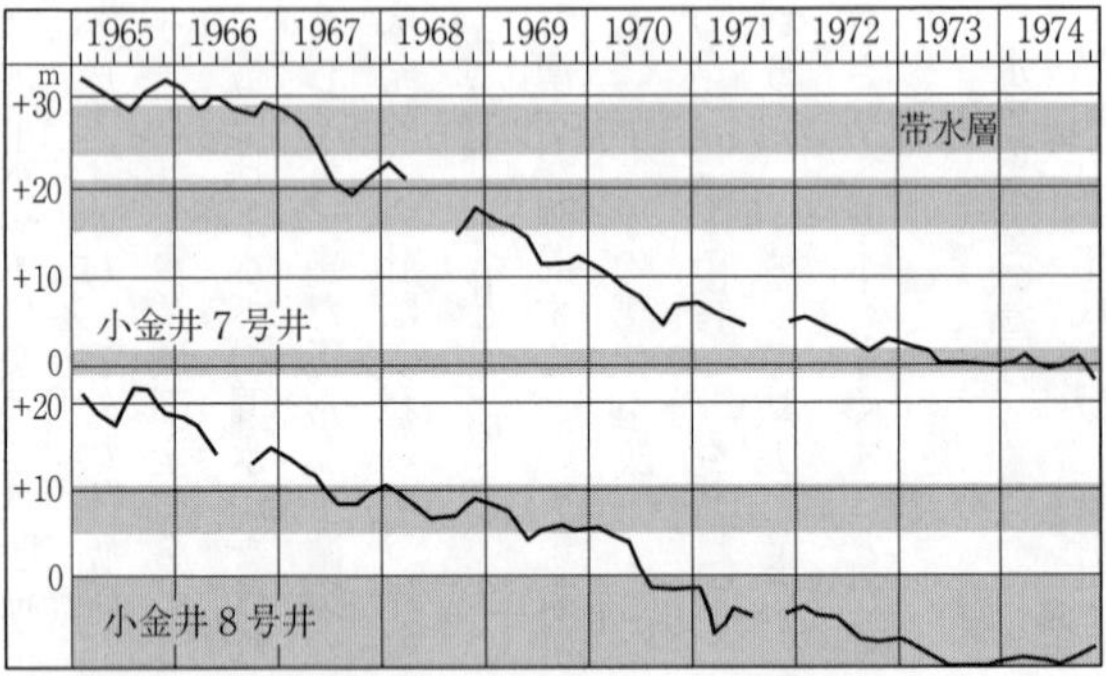

図 2-7　小金井市の深井戸における地下水位の変化．地下水位は東京湾平均海面基準(T. P.)

そこの浄水課長と深井戸の揚水や維持管理について雑談をしているとき、その課長が、「雨が降りますとね、井戸からザーザーというすごい音がするんですよ」と話した。そのことが妙に気になって、筆者は帰りの電車で、井戸の中は一体どうなっているのか、と頭を悩ますことになった。

そこで小金井市の深井戸の水位と深井戸のスクリーンの位置関係について調べてみると、意外な事実が判明した。

深井戸では、地下水をできるだけ効率的に汲み上げるために、多くの帯水層にスクリーンが設置されている。図1-2には一つの帯水層の場合を示したが、粘土層を挟んで複数の帯水層が重なっているのが通常の状態である。

図2-7は、小金井市の深井戸の被圧地下水位（静水

位）の変化を示したものである。静水位とは、すでに述べたように揚水を行っていないときの井戸内の水位のことである。影で示したのは、帯水層の深さに合わせて設置されたスクリーンの位置である。つまりこの部分が被圧帯水層に相当する。

水位変化をみると、一九六五年以降の一〇年間で、地下水位が三〇メートル近く低下している。それ以前はスクリーンより上位にあった静水位が、驚くべきことに、スクリーンより低くなってしまっている。特に小金井七号井においては、二つのスクリーンより一五メートルも下がっている。

第1章（図1-2および第3節）で説明したように、地下水位が被圧帯水層の下方にあるということは、その帯水層が不圧化し、内部に水で満たされていない部分が広がっていることを意味する。この被圧帯水層の不圧化という現象が、最上部の帯水層のみならず、さらに深部まで及んでいたのである。

小金井市の浄水課長の話は、浸透した降雨が、不圧帯水層から、おそらく井戸の周囲の砂利を通って、すぐ下の被圧帯水層に流れ、そこからスクリーンを通して逆に深井戸の中へ流れ込んでいる音だったのである。

小金井市には、一九八〇年三月、東京都の地盤沈下観測井戸が設置され、同年四月から水位

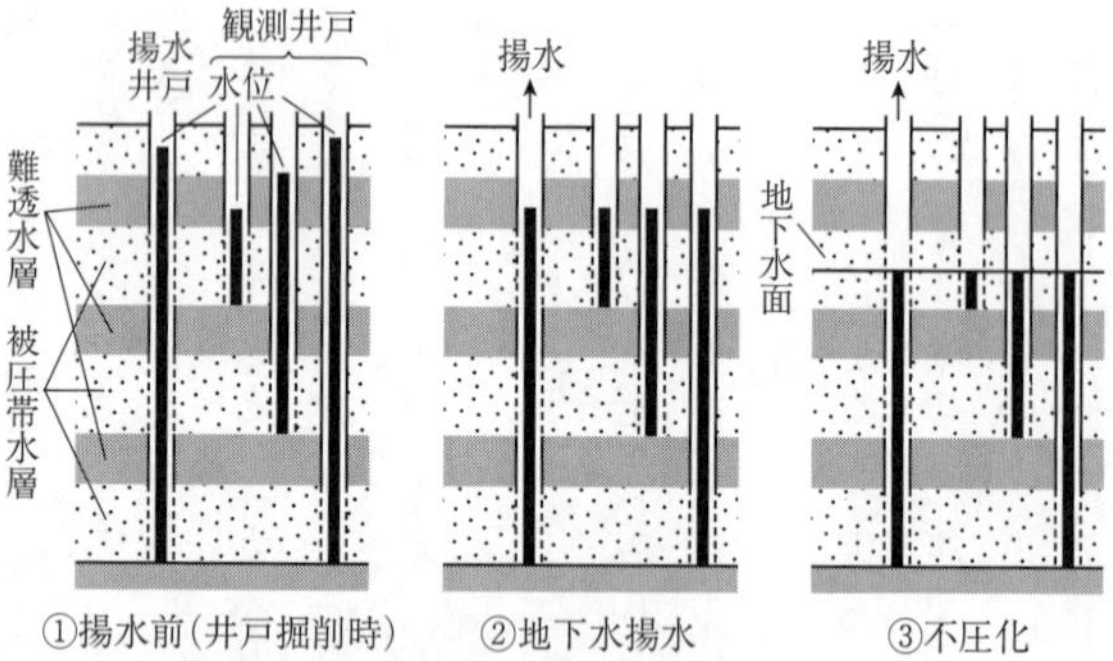

図 2-8　被圧帯水層の不圧化のメカニズム

観測が始められたが、その観測井戸によっても被圧帯水層の不圧化が確認されている。

小金井市の水源井だけでなく武蔵野市、三鷹市をはじめ、他の多摩地域の水源井においても、被圧帯水層の不圧化が生じている。

不圧化のメカニズム

被圧帯水層の不圧化のメカニズムを図2-8に示した。四本の井戸がセットになっているが、いちばん左が多層スクリーンをもつ揚水井戸、右の三つは各帯水層の地下水位を測る観測井戸である。井戸掘削時の被圧帯水層の地下水位は、帯水層ごとに異なっているのが普通である(①)。

深井戸では複数のスクリーンから揚水する。各帯水層の透水性と層厚が同じと仮定すると、深井戸内の水位に対して相対的に高い地下水位の帯水層からより多くの地下水が井戸へ流入する。つまり、多層スクリーンをもつ揚水井戸では、地下水位の高い帯水層ほど、より多くの地下水が汲み上げられることになる。

長期にわたり地下水揚水を続けると、深井戸内の地下水位(静水位)が低下していく。それとともに、帯水層間の地下水位の差が小さくなっていき、最終的には、ほとんど同じにそろってしまう(②)。

さらに地下水を汲み上げると、やがて最上位の帯水層より低いところまで地下水位が低下する(③)。こうなると、その帯水層はもはや被圧帯水層ではなく、不圧帯水層になる。つまり、被圧帯水層は不圧化するのである。

不圧化のメカニズムを簡略化して説明したが、多層スクリーンをもつ深井戸の揚水によって、被圧帯水層の不圧化が促進される。

被圧帯水層が不圧化すると、不圧地下水はすぐ下の被圧帯水層へ、井戸のケーシングの周囲の砂利を通って、文字どおり「屋根からの雨漏り」のように漏出するのである。

この被圧帯水層の不圧化の問題は、現在においても解決されていない。

武蔵野台地の地下水はいまどうなっているか

図2-5をもう一度見ていただきたい。一九七〇年代までの地下水位の急降下は、当時の地下水揚水のすさまじさを物語る。井の頭池の湧水涸渇は、まだその助走のところで生じていることに気づく。

第一章の東京大学深井戸の水位変化(図1-5)と比べていただきたい。高度経済成長期の地下水位の急激な低下傾向は、東京低地と武蔵野台地、両者で申し合わせたように近似している。しかし違っているのはその後の変化である。

東京低地の場合、その後の地下水の揚水規制で汲み上げ量を減らし、地下水位は順調に回復していった。

一方、多摩地域では、一九六九年の東京都公害防止条例、さらに一九七五年の地下水使用合理化要請という行政指導によって、工場などの事業所の揚水量が減少し、その結果、当時、一日あたり九〇万立方メートルほどあった揚水量も徐々に減少し、現在では五〇万立方メートル程度まで減っている。一九七〇年代から地下水位は上昇傾向をたどっているが、東京低地のケースと異なって、回復途中で地下水位は横ばいとなり、そのままとなっている。二〇〇九年の武蔵野地区の揚水量は、一日あたり武蔵野市四・一ミリメートル、三鷹市二・三ミリメートル、

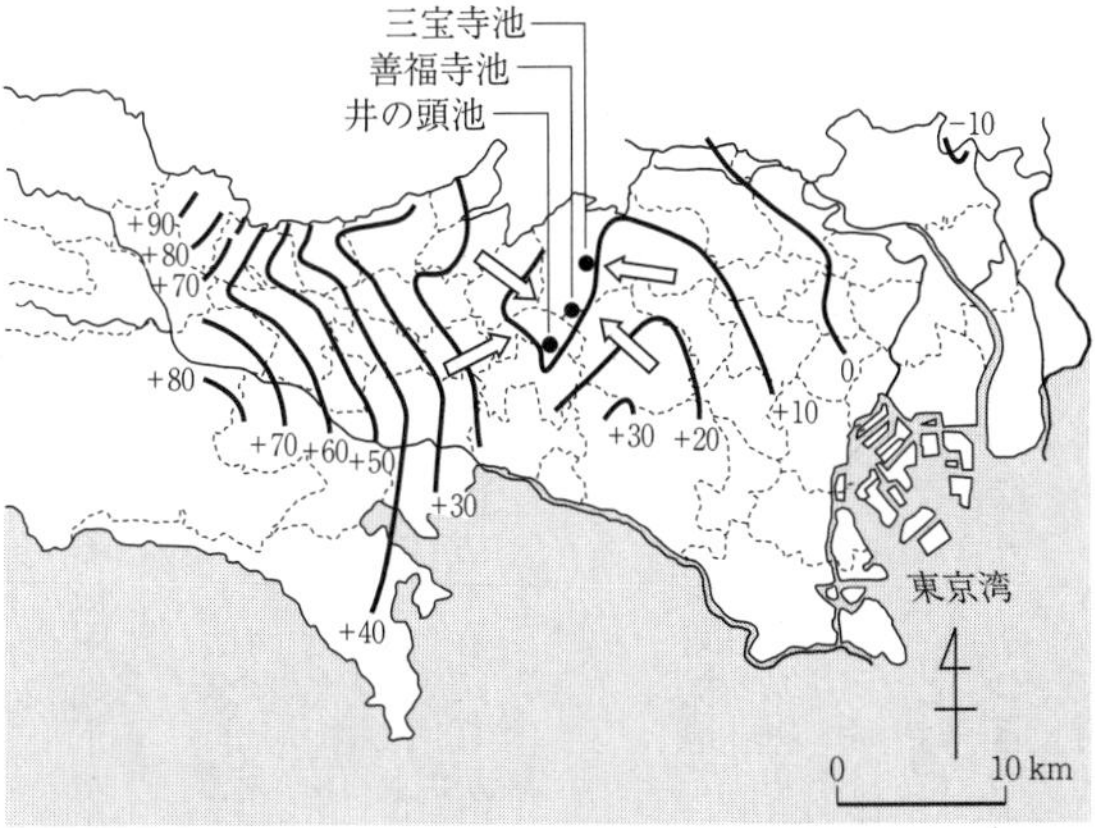

図 2-9　武蔵野台地の被圧地下水位(2009 年，東京都技術支援・人材育成センターの資料に基づく)．単位：m(東京湾平均海面基準(T. P.))

小金井市二・〇ミリメートルである。

つぎに、被圧地下水の状況を見てみよう。図2-9に、武蔵野台地の二〇〇九年末の被圧地下水位等値線図を示した。

不圧地下水位を示した図2-4と比べると明らかであるが、不圧地下水が地形に規定されておおむね西から東へ向かって流れているのに対し、被圧地下水は、揚水量の影響を受けて流れている。武蔵野台地で揚水量が集中しているのは武蔵野地区、特に武蔵野市である。

第一章で紹介した浦和水脈を思い出していただきたい。同じような人工的な水脈が、現在はこの武蔵野地区へ向かって流れているのである。

さらにこの図を、不圧地下水の漏水を表す図2-6と重ねてみるとよくわかる。三鷹市、武蔵野市、練馬区とつながる被圧地下水の水位低下は、井の頭池、善福寺池、三宝寺池の湧水涸渇の原因である。

かつて自然の水脈と考えられた浦和水脈は地下水揚水による人工的な水脈であった。この武蔵野地区へ向かう水脈(たとえば名づけて「井の頭水脈」)も同じである。かつての浦和水脈のように、揚水量を削減すれば地下水位は上昇し、水脈は跡かたもなく消えるだろう。そのとき、これらの湧水池も力強く復活するにちがいない。

水循環不全と地下水涸渇

山形市が位置する馬見ヶ崎《まみがさき》扇状地では、扇状に広がった扇端の低地部において、豊かな掘抜き自噴井戸が明治期後半から多数掘られていた。この掘抜き井戸は近代的な掘削技術が普及する前のものであり、深さは五〇メートル未満がほとんどで、主に生活用水として市民に使われていた。地元で「どっこん水」と呼ばれていたこの自噴水は、しかし、戦後の高度経済成長期、農業用深井戸や工業用深井戸がつぎつぎと掘削されていくなかで涸渇していった。多くの井戸で自噴の勢いがなくなり、やがて停止した。扇状地特有の豊かな自然の地下水脈は、より深層の大量の被圧地下水の開発により地下水位が低下し、衰退・消滅していった。

戦後の高度経済成長期の大規模な地下水開発は、全国の掘抜き自噴井戸地帯を自噴停止、そして涸渇へと追い込んでいったのである。これも水循環不全のひとつのかたちといえよう。

序章でアメリカのオガララ帯水層やインドの灌漑用水について述べたように、過大な開発による地下水涸渇は世界的に懸念されている。

北京では長年にわたる都市用水の地下水開発によって地下水が涸渇し、水循環不全が発生している。北京は、地形的には扇状地に位置し、もともと地下水には恵まれていた。しかし一九七〇年代以降、都市用水として大量に地下水を汲み続け、地下水位は年間一メートルのペースで低下し、その水位低下量は、深いところで四〇メートルに達する。北京を流れる永定河は干上がっているが、これは地下水からの補給が途絶えたためであり、水循環不全の結果である。

井の頭池の涸渇と同じような仕組みで、水循環の機能不全が世界中で起こっているのである。

「井の頭池」の現在

井の頭公園を一年に一度、紅葉の時期に筆者は訪れる。黄金色がちりばめられた小道の上で紅色の葉影が風に揺れている。遠出の人も、近くの人も、ひととき紅葉に染まった公園の休日を楽しんでいる。小さな武蔵野の森は都会の混雑のような賑わいだ。ボート遊びを楽しむ人が引きも切らない井の頭池の水面は、しかし、濁って黒く沈み、ときおり見える鯉の姿も暗くさびしい。かつて「名水」と称えられ、湧き出る水を江戸の町に送り続けた遠い記憶は、水面を囲む樹木のかなたに消え、汲み上げられた深井戸の水が日々の務めを続けている。戦後の急激な変貌に呑みこまれ、失われてしまった井の頭池の湧水。淋しさを感じるのは筆者ばかりではないであろう。

二〇〇四年一〇月下旬から一一月にかけて、台風や度重なる大雨により井の頭池の湧水が一時的に復活した。思いがけない大雨に湧水が息を吹き返し、池面の水が全面に澄みわたった。昭和二〇年代の池の姿もかくやと思われる清澄な水面であった。井の頭池のまわりの人々は、井の頭池の湧水復活の可能性に確かな希望をもった。しかし皮肉なことに、自転車三〇台ほか多くの投棄物が見つかり、ふだんの池の水の濁りをあらためて実感させられることになった。

このときの不圧地下水の湧水量は、ふだんの深井戸による補給量の三倍を超えていたという。井の頭池の湧水復活は、武蔵野台地の水循環再生のシンボルである。その地下水流出が、安定的・持続的な湧水として、井の頭池に注ぎ続ける日がくることを心から待ち望んでいる。

第三章　地下水と日本人

すり鉢状のまいまいず井戸．東京都羽村市五ノ神社内
(2007年著者撮影)

現代の大規模な開発以前、日本人は地下水をどのように利用してきたのだろうか。この章では少し趣を変え、歴史をさかのぼって地下水にまつわる話題を紹介しよう。

1　湧き水と井戸

地下水利用の歴史は湧泉までさかのぼる。有史以前、人々は内陸部の川沿いにある崖の湧き水のまわりで生活していた。やがて人々は湧水を通して地下水の存在を知り、地面を掘れば水が得られることを認識したのであろう。こうして掘井戸が出現した。

日本人と地下水の最初の出会いはどのようなものであったか。図3-1は、東京の先土器時代の遺跡の分布である。縄文時代以前の旧石器時代である。神田川、妙正寺川、石神井川、黒目川など、武蔵野台地を開析して流れる河川沿いの崖、現在も見られる野川の国分寺崖線沿いには遺跡が多く分布している。神田川の源頭、「武蔵野」と記してある遺跡は井の頭池に近い。

このように、台地を切っている河谷沿いや段丘崖で、湧き水のまわりに当時の東京人は暮ら

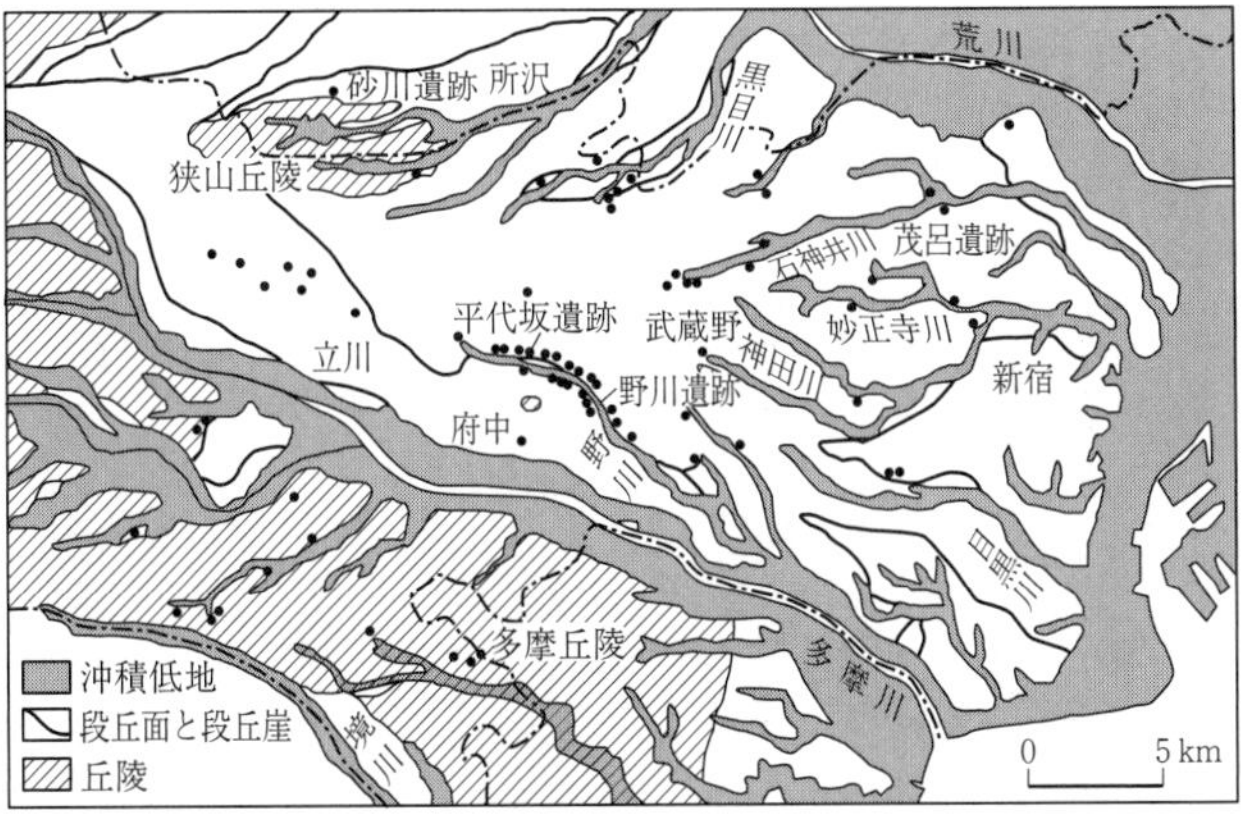

図 3-1　先土器時代の東京人の遺跡(東京都教育委員会(1974)による)

していたことがわかる。自然にこんこんと湧いている水を、彼らは苦労することなく利用することができた。このような湧水周縁の遺跡は、縄文時代になるとさらに多く見出されるようになる。

井戸のはじまり

「井」という言葉は、すでに『古事記』に登場し、かなり古くから使われていた。ただ、「井」は掘井戸を特に意味していたわけではなく、水が出るところを総じて「井」と称していたというのが正しい。『古事記』にも、「天の真名井《まない》に振り滌《すす》ぎて」という表現がある(「天照大神と須佐之男命」の章、「誓約《うけい》」)。しかし、この「天の真名井」は、高天原《たかまがはら》にあるとされる神聖な泉のことであり、禊《みそぎ》のための宗教的な意味合いが強い。

掘井戸が考古学的調査によって最初に発掘されたのは、奈良県の唐古《からこ》遺跡である。発掘は一九三六年に行われ、報告書が出版されたのは一九四三年であった。発掘された井戸には、長さ二メートル、直径〇・八メートルの丸太をくり抜いて垂直に埋め込んだものと、丸太の杭を円形に打ち込んでヨシやアシを編んで井戸内部の壁としたものがあった。弥生式土器が井戸の底から発見されており、井戸は弥生時代に掘られたものであるとされた。

戦争が終わって間もなくに行われ、戦後考古学界最大の収穫といわれる静岡県登呂《とろ》遺跡の調査では、浅くて豊富な地下水をもつ土地の集落の住居跡から、二つの井戸の遺構が発掘された。杉の割板を用いて、一つは長方形、もう一つは円形の井筒がつくられていた。年代は弥生時代の後期である。

このような発掘調査の積み重ねにより、考古学では、弥生時代中期に地下水を使用するための井戸が出現したというのが通説となっている。

しかし近年、弥生時代の井戸がはたして飲用水など生活用水を得るための井戸であったかについて、考古学研究者の間でも疑問とする意見がある。そのひとり、『井戸』を著した秋田裕毅によると、弥生時代のものとして発掘された井戸は、実用的なものではなく、カミマツリを行う祭祀のための土坑(穴)であるという。そして生活用水のための井戸が登場する契機を、仏教伝来にともなう寺院の建立と都市の成立としている。

仏教伝来と皇都造営による井戸技術の発展

生活用水井戸が本格的に歴史に登場する契機は、六世紀半ばの仏教の伝来であったといわれている。多くの仏教寺院が建立され、僧侶たちが一か所に集まって日々の勤めを行うようになると、そのための生活用水をまかなわなければならない。

井戸と寺院には深い関係がある。東大寺二月堂の「お水取り」を知っている人も多いだろう。これは、奈良時代の天平勝宝四(七五二)年に起源をもち、神聖な井戸である若狭井《わかさい》から浄水を汲む儀式である。

都が定まり、多くの官人や貴族などが密集して暮らすようになると、日々の生活のための水が欠かせない。奈良県明日香村の飛鳥板蓋宮《あすかいたぶきのみや》伝承地では、ヒノキの角材を組み合わせた井戸枠をもつ豪壮な井戸遺構が出土している。このほか、藤原京跡や平城京跡からも多くの井戸の遺構が発掘されている。

井戸を掘る技術は、中央から地方へも伝播するようになり、八世紀初頭の奈良時代、元明天皇が編纂を命じた『常陸国風土記』には、掘井戸や地下水に関する記述も少なからず見られるようになる。たとえば、「古老はこういっている。昔、崇神《すじん》天皇が国の政治をとられた頃、東国の荒々しい蝦夷の首領を平定しようとして、新治《にいはり》の国造の初祖で、比奈良珠命《ひならすのみこと》という人を派遣した。この人が任地におもむいて、すぐに新しい井戸を掘った。ところが、その井の水が清らかに湧いて流れた。それで新しい井を治《は》るという意味から、郡名にして新治とつけたものである」という記述がある。

近くに湧水や小さな川があり、苦労せずに水を得られる場所に生活している人々は恵まれていたが、そうでない人々は井戸を掘って生活用水を求めた。同じく『常陸国風土記』に、「渓の腰に井を掘り（谷の中腹に井戸を掘る）」という記述がある。人々は、丘陵や台地の裾に地下水が得られやすいことを経験的に知っていたと思われる。

「枕草紙」の井戸

平安時代に入り、清少納言の『枕草紙』（平安中期、一〇〇〇年ころ）の第一六一段には、井戸について興味深い記述がある。

「井は、ほりかねの井。たまの井。はしり井は、逢坂なるがおかしき也。山の井、などさしもあさきためしになりはじめけん。飛鳥井《あすか》は、「みもひもさむし」とほめたるこそおかしけれ。

千貫《ちぬき》の井。少将井。さくら井。きさきまちの井。」

この記述から、貴族の住まいや寺院には、多くの井戸が掘られていたことが想像できる。清少納言は九本の井戸の名前を挙げている。「はしり井」は、おそらく滋賀県大津市の逢坂の関にある自噴井をさしていると思われる。「千貫の井」は、京都の東三条にあったものと解されている。また、最初に出てくる「ほりかねの井」は、掘りにくい井戸をさしており、おそらく関東武蔵野の入間郡堀兼村の井戸であるといわれている。当時、この井戸は関西方面にも広く知られていたらしい。たとえば、藤原俊成(一一一四〜一二〇四年)に次のような歌がある。

むさしのの　ほりかねの井も　あるものを　うれしく水の　ちかずきにける

「ほりかねの井」は、地下水面が深く、また井戸壁が崩れやすい地質であったろう。そのような場合、昔の人はどのようにして井戸を掘ったのだろうか。

まいまいず井戸

東京都羽村市の「まいまいず井戸」は、古代の井戸として有名で、東京都の指定史跡になっている(本章扉写真)。

羽村市は、武蔵野台地の西部に位置し、扇状地の扇頂部に近い。井戸はJR青梅線の羽村駅から歩いて三分ほどの五ノ神《ごのかみ》社の中にある。神社の説明文では、まいまいず井戸は、大同年間（八〇六〜八〇八年）につくられたとされている。大同年間といえば平安時代初期ということになるが、堅固な恒久的施設としてつくられたのは鎌倉時代以降といわれ、元文六（一七四一）年には大改修が行われたと記されている。

この井戸はすり鉢状で、地表面の直径は約一六メートル、底面の直径は約五メートルで、底面までの深さは約四・三メートルである。底面の中央に直径一・二メートル、深さ五・九メートルの井戸がある。

まいまいず井戸で水を汲むときは、斜面を約二周ぐるぐると回って底面まで降りていく。

この地域の地層は、表土の下に厚さ数メートルの拝島《はいじま》礫層、さらにその下に青梅礫層という厚さ一〇メートルを超える礫層が続いている。

この時代、崩れやすいこれらの礫層を垂直に掘ることは困難であり、すり鉢状に掘って井戸をつくった。その由来によると、技術がない時代ゆえ完成に三年かかったとされている。さぞ苦労に苦労を重ねたことであろう。

筆者が関心をもつのは、なぜそのように苦労して井戸をつくる必要があったか、ということである。由来によると、祖先は多摩川あたりに住んでいたが、「推古天皇御即位九年」に大洪水があり、その災害を恐れて移住してきたということである。多摩川の水を汲みに行っていたが、あまりにも不便なため井戸を掘ったという。生活用水としての地下水は、身近で安定して使えるという点で、河川水より有利だったのである。

新田集落と地下水

奈良盆地や京都盆地など扇状地性の盆地では、地下水面が浅く、比較的容易に井戸を掘ることができた。しかし地形的に地下水面が深く、地下水利用に不利な場所にある村の集落では、農民は井戸を掘るのに苦労を重ねることになった。江戸時代の武蔵野の集落は後者の例である。

洪積台地という地形は、一般に水利の便に乏しい。武蔵野台地も例外ではない。生活用水にも事欠く台地面は、中世末期まで集落の発達は貧弱で、長い間、原野や林のまま残されていた。わずかに台地の周縁や、東部の浸食谷に沿う湧水に恵まれた場所に集落が分布していた程度である。

江戸幕府により農地の開発が促されるようになると、武蔵野台地の台地面でも徐々に農地開発が進み、新田集落が発達していった。特に、承応三(一六五四)年の玉川上水の開設、さらに享保期の新田開発の促進によって、武蔵野の新田集落の分布も急激に拡大していった。

この時期の新田集落の形成は、飲用水の確保と切り離すことができない。武蔵野台地西部では、地表を覆う関東ローム層の下の段丘礫層が不圧地下水の帯水層であり、地下水は礫層内を深く浸透して地下水面はきわめて深く、地下一〇メートルを超える。

武蔵野台地の新田開発は青梅市新町に始まる。開拓の経緯については、開拓者吉野織部之助《よしのおりべのすけ》の手記とされる『仁君開村記』(一六一一～一八年)に詳しく述べられている。当時はまだ玉川上水は開設されていなかったことに留意されたい。

慶長一五(一六一〇)年、二代将軍徳川秀忠がこの一帯で鷹狩りをして遊んだおり、あたりに人家もなく野原がただ広がっているばかりで難儀したことから、当地を開拓するよう代官に命じたという。新田集落の開拓当初、村民は、二キロメートル離れた古村から毎日飲用水を運搬する堪え難い生活を強いられていた。そこで集落立地を安定させるため、共同井戸の掘削を計画し、吉野織部之助が開拓の願いを出し、許可された。井戸工事では砂利や玉石を掘って運び出さなければならず、かなりの重労働であったに違いない。地下水面の深さは一二メートルを超え、井戸の底までの深さは二〇メートル以上に及ぶものであった。井戸の掘削においては、羽村のまいまいず井戸とは異なり、内部の崩壊を防ぐために玉石を畳むようにして垂直に積み上げ井戸を完成させた。井戸技術の大きな進歩をうかがうことができる。

地下水から見た集落の立地

人間がどのような場所に住むのか、集落はどのようなところに発達するのかは、水と日本人とのかかわりを考えるうえで興味ある話題である。近代インフラが縦横に発達している現代では、極端にいえばどこにでも住める。しかし、明治期以前の時代を考えると、インフラに相当するものは、水と農地であった。

自然発生的な集落は水とともに発達する。人間と水のかかわりは利水から始まる。そこでは地形が大きく影響する。

沖積平野は、低平な土地と豊かな水に恵まれ、古来、人々の主な居住地となったところである。ここでは水田耕作における水の利用と洪水防御が集落発達の条件となる。乏水性の台地では、台地周縁の浸食崖や段丘に近いところがまず選ばれる。本節の最初に示した先土器時代の遺跡に見たとおりである。台地の面上ではその乏水性が顕著となり、まいまいず井戸や新田集落の井戸のように、人々は水を得るために大変な苦労をしなければならない。丘陵地では谷頭から出る湧水を利用して谷地田《やちだ》が営まれ、水に吸い寄せられるように集落が分布している。水利用と集落の発達において特に興味深いのは、扇状地の集落立地である。

扇状地という地形は、地下水という観点からみて特徴的である。まず、本書でこれまで述べてきた不圧地下水、被圧地下水という区別がそれほど明瞭ではない。それは難透水層にあたる地層が面的な連続性をもたず、凸レンズ状の形状をした層が離れて分布するためである。富山県の黒部川扇状地のような典型的な扇状地では、扇の要である扇頂部から伏流した不圧地下水が、下流の扇端部において被圧地下水として自噴する。そのダイナミックな地下水流動は、水循環という仕組みを実感させるものである。自噴とまではいかなくとも、扇状地の扇端部は地下水面が浅く、地下水に恵まれた場所である。

ここに興味深い地形図を紹介しよう。図3-2は長野県大町市信濃池田の扇状地である（五万分の一図）。東向きに見事に扇状に広がった地形が見られる。扇央部は地下水面がやや深く、林地となっているが、集落と水田が扇端部に沿って分布していることが明瞭に読み取れる。この線状につながる集落は、地下水が豊富なため、浅い井戸で容易に利用できるという有利な水利条件のもとで発達したと考えられる。

扇状地の扇央部は、一般に砂礫質で水はけの良好な土壌であり、桑畑や果樹園などに利用さ

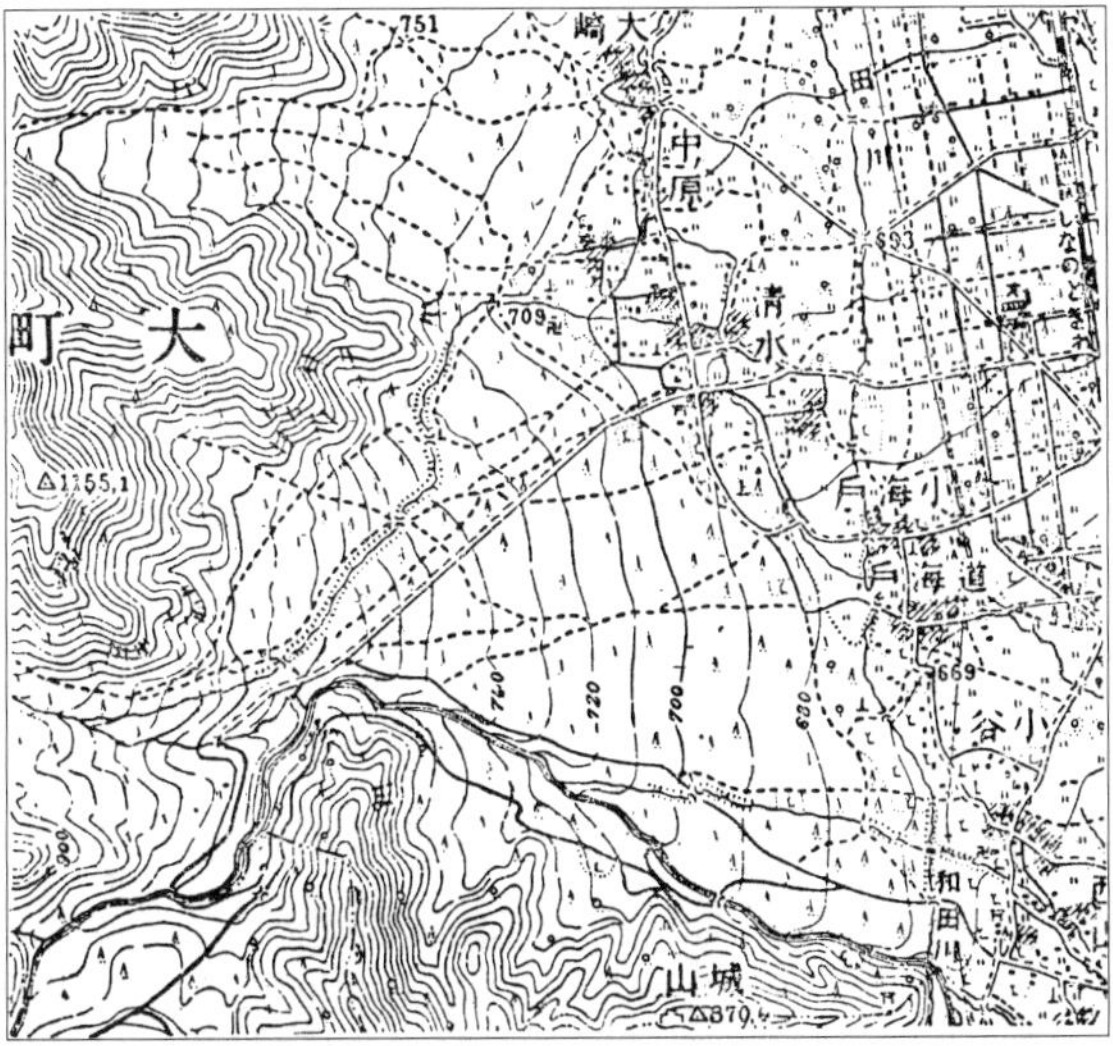

図 3-2　扇状地の地形と集落(国土地理院)．信濃池田の例

れていることが多い。

江戸の上水と地下水

都市の用水に目を転じてみよう。

都市用水の本格的な開発は近世城下町の成立に始まる。戦国時代が終わり、近世の城下町では、領主や家臣たちの武家地だけではなく、物資流通をになう商工業者が多く居住する大消費地も形成する必要があった。つまり、幕藩体制が、都市用水という新たなインフラの形成を促したのである。物資の大量輸送のためには舟が重要な機能をになうため、海や河川を舟運に利用できる臨海沖積平野が城下町となった。こ

のことは日本の大都市の多くが沖積平野に展開していることから明らかである。たとえば、濃尾平野の名古屋、大阪平野の大坂、そして関東平野の江戸である。

徳川家康が関東に入国した天正一八(一五九〇)年、太田道灌《どうかん》の城は武蔵野台地の縁に残されていたが、当時の江戸はさびれた貧しい村で、居城の前には日比谷入江が深く入り込み、一面に葦原が広がっていた。村民は細々と井戸で生活していた。

家康にとって、飲用水の確保が領国経営の重要な課題となる。飲用水には、まず近くの川の水は感潮部の塩分のため不適であり、堀や溜池の水では、水質はともかく水量が限られている。最後に地下水であるが、井戸には塩がさし入り、特に埋め立て地では塩気のまじった地下水で、とても飲用には適さない水質であった。そこで上水の開設が必須の事業となったのである。

江戸の上水は、まず本郷台の湧水を集める小石川上水が天正年間(一五七三〜九二年)に整備され、これは後に神田上水へと発展していく。神田上水は、武蔵野台地の開析谷の谷頭に位置する井の頭池を水源に、寛永六(一六二九)年ごろまでには完成されたと考えられている。江戸の城下町経営における最初の本格的な上水であった。小石川上水と神田上水は、いずれも武蔵野台地の湧水を東京低地へ流下させるように水路が開設された。

江戸は政治の中心地として急速な発展をとげ、人口はさらに著しく増加し、それにともなって飲用水の需要はさらに増大していった。そのため三代将軍家光のころ、多摩川から武蔵野台地を通して江戸の城下町に水を引く玉川上水の計画が検討された。

家光の死後の承応二(一六五三)年、四代将軍家綱が玉川上水開設を決定し、翌承応三年には羽村から四谷大木戸までの約四三キロメートルの当時としては最大規模の上水道が完成した。この玉川上水は江戸城や江戸の城下町へ給水網を延ばし、さらに青山上水、三田上水、千川上水へと流水を分け、元荒川を水源とする本所上水(亀有上水)と合わせて、一七世紀末までには江戸の給水システムとして完成した。玉川上水は、その後、武蔵野台地西部において新田開発のための農業用水として分水された。

上水井戸と掘井戸

江戸の上水はもともと江戸城や武家屋敷への給水を目的としたものであったが、江戸の庶民の飲み水も基本的には上水の余り水を利用していた。当時の『江戸自慢』には、「江戸中に井戸はあれど、飲水は上水を用ゆ」という記述がある。この余り水を集めた井戸は、掘井戸と区別して「上水井戸」と呼ばれていた。上水の枝管から導かれた水は上水井戸に溜まり、それを桶で汲み出して町人たちが使っていた。

図3-3　江戸の井戸で洗濯する女たち(菱川師宣画)

このように、武蔵野台地を多摩川から延々と流れてきた上水が、わずかな標高差を利用して街路からさらに屋敷の中まで配水される大規模で精巧なシステムは、日本において長年蓄積されてきた農業水利技術によってはじめて可能になったといえる。

掘井戸の水は、上水井戸の水に比べて、一般に水質が悪く、飲用には不適で、もっぱら洗濯や雑用水に使われていた。とはいっても、雑用水として庶民の生活の一部に入り込んでおり、図3-3の菱川師宣の絵にもその様子が描かれている。真ん中にあるのが井戸で、女性の洗濯している姿が日常生活の一場面として描かれている。この時期、掘井戸、すなわち浅井戸の地下水は、上水システムの末端で供給水の不足をつくろう役割であった。

東京低地の不圧帯水層は貧弱である。有楽町層の厚さ数メートルの上部砂層が不圧帯水層であるが、その下には粘性土層(下部有楽町層)が難透水層として厚く横たわっている。よって、地表から数メートルの浅井戸の水は、流れの勾配がない「溜まり水」的な性質をもち、飲用水としては不十分なものであった。しかし、東京低地においても地下の砂層が厚く分布している場所や、武蔵野台地の段丘崖やその近くの井戸からは水質が良好で清冽な水が湧き出ており、「江戸の名水」と呼ばれたものも多い。

京都の食文化と地下水

京都では平安京の昔から人々の生活の水は地下水であった。数メートルも井戸を掘れば、生活に必要な水は容易に得られたのである。現在では、京都市民に供給する上水道は琵琶湖を水源としているが、京都の食文化をになう伝統的な食品製造業はいまでも地下水を使っている。地下水を汲み上げる井戸の深さは、一〇メートル前後から一〇〇メートルを超えるものもある。

京の食文化を代表するものとして、豆腐、生麩、湯葉、酒などといった伝統食品がある。これらの食品の製造においては、使用する水の水質の良否が味を左右する。原料として使う水の水質・水温が一年を通じて安定していることが必須である。地下水が使われる理由はここにある。京都の地下水は、硬度が七〇前後の中硬水、温度は一六度前後で名水なみの水質といわれ、

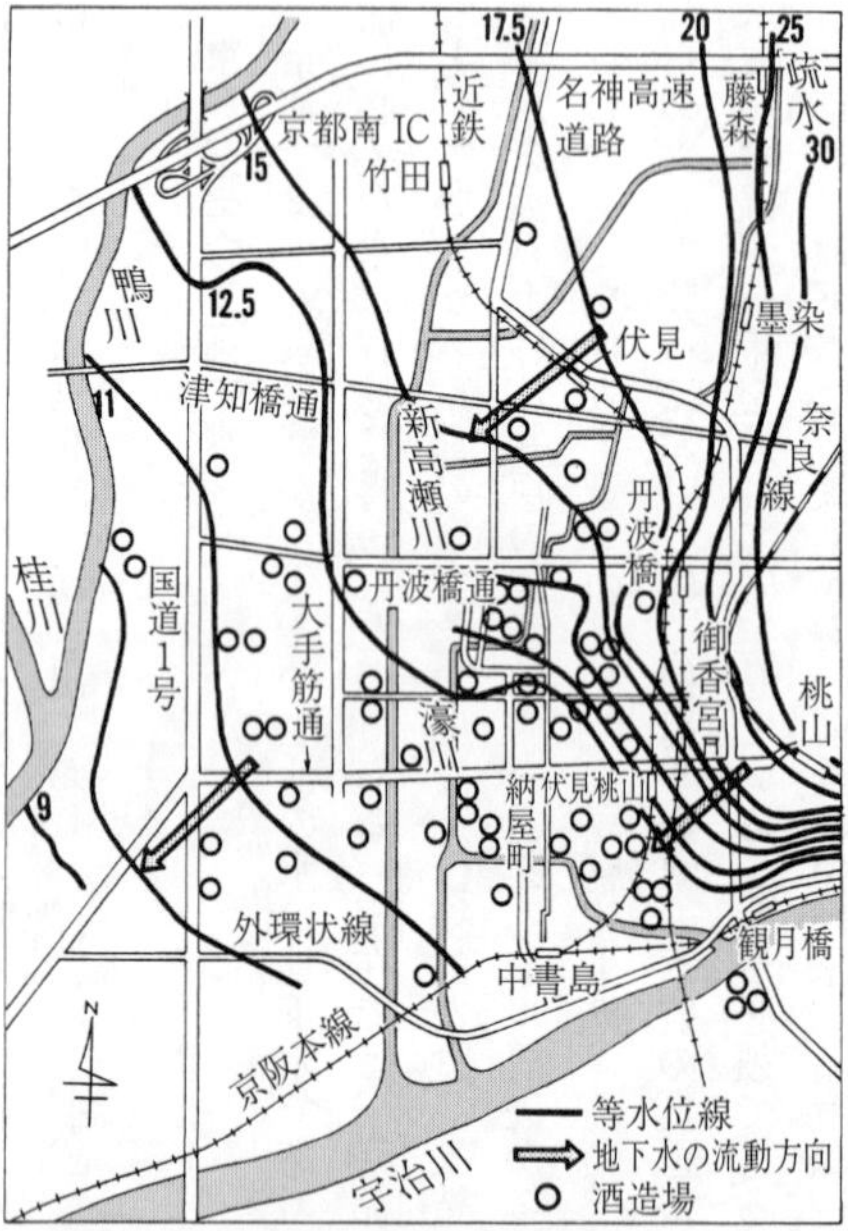

図3-4　京都伏見の地下水と酒造場（京都新聞社『京都 いのちの水』より）

その水質は、年間を通じてほとんど変わることがない。こうして地下水は、長年にわたって京都の伝統食品の高い質を維持してきたのである。

京都伏見は、兵庫県の灘五郷とならぶ関西を代表する酒どころである（図3-4）。伏見は、豊臣秀吉の伏見城築城と城下町の整備によって酒の産地としての基礎が築かれた。さらに江戸時代になると、京都へ通ずる水陸交通の要所として発展し、伏見の酒は、船上の旅客や地元の人たちに大いに飲まれたそうである。酒どころとして酒造家も増え、明暦三(一六五七)年には八三軒、その生産高は二七三〇キロリットルに達したという。江戸時代も後半になると販路を失って一時衰退したが、明治期になると鉄道輸送が始まり、鉄道網が広がるにつれて全国的な銘柄となっていった。

伏見の酒造りで用いる地下水は、カリウムの含量が比較的多く、カルシウムをほどよく含んだ中硬水といわれ、「きめ細かくまろやかな」と形容されるその味は、京都の地下を流れる水質の安定した地下水によって支えられている。ちなみに、京都「伏見の御香水《ごこうすい》」は、地下水として「昭和の名水百選」に選ばれている。

2　井戸掘削の技術革新

享保の水道改革

上水は、江戸の城下町にとって日々の飲用水を供給する重要な役割をになっていたが、享保七(一七二二)年、青山上水、三田上水、千川上水、そして本所上水が突然廃止された。その理由として、江戸の火事と水道の関係についての儒学者の進言といわれている。このことについて一言述べておくと、本所上水については、送水機能や水質に問題があった。他の三上水については、江戸の人口増加や武蔵野台地の農業用水への分水の増加を背景に、将来の水需要の増加を抑制するための水供給システムの構造改革というのが実情に近く、儒学者の意見は四上水の廃止という決断を権威づけするためのものであったと思われる。

このころ、江戸では井戸掘りの新しい工法が試みられていた。掘抜き井戸という地下水利用の技術革新である。

江戸の地下水は、浅井戸という不圧地下水の利用から始まった。しかし、不圧地下水は飲用水に不適である。掘抜き井戸は、厚い粘土層を東京礫層まで掘り抜いて被圧地下水を利用するものである。掘り抜けばそこにきれいな水が得られるという発見は、東京の地下水の歴史において画期的なできごとであった。

掘抜き井戸のはじまり

江戸で最初に掘抜き井戸を掘ったとされているのは、新銀町の井戸掘り職人五郎右衛門である。享保七年ごろ、馬場先門近くの八代将軍吉宗の養女竹姫の御用屋敷の井戸掘りを請け負った。五郎右衛門は、井戸を掘っても思いどおりに水が出ないことから、いったん帰宅して親に相談したところ、井戸の底の「青へな」というやわらかいところを竹で突き通すように助言された。そこで翌日、空竹を土の底に一〇間(約一八メートル)ほど打ち込んだところ、良質の水を得たということである。ただ、この井戸は厳密には掘抜き井戸ではなく、つぎに述べる中水《ちゅうみず》の井戸であった。このころ、南茅場町の井戸掘り職人八兵衛も同じ工法で堅い地層の上の中水の井戸を請け負っていたという。

江戸の井戸掘り職人の間では、地下水の質をその深さによって区別し、上水《うわみず》、中水、本水《ほんみず》というように分けていた。上水や中水のような上部の地下水は、簡単に掘れる井戸の水である。上水は二〜三メートルの深さ、中水は二〇メートル近く掘る。上水は塩気があって飲用水には不適であった。中水は上水よりは水質が良く、馬場先門の御用屋敷の井戸のように、場所によっては飲用にも供されたが、多くは雑用水として使われていた。中水の帯水層の下に堅い地層があって、四〇メートルほどその地層をぶち抜くと本水というきれいな水が出てくる。このような工法の井戸掘りが試みられるなかで、徐々に本格的な掘抜き井戸が普及していったと思われる。

五郎右衛門と八兵衛の掘抜き井戸は江戸の町で評判になり、享保一〇年、江戸町奉行大岡越前守忠相《ただすけ》と諏訪美濃守頼篤はこの二人の井戸掘り職人を呼んで、掘抜き井戸について詳細を尋ねた。この返答内容は『撰要類集』（上水之類之部）に文書として残されている。

「一、右之段及御聞、法心院様、松平甲斐守、其外屋敷方弐拾ヶ所程堀申候。いずれも堀抜と申にては無御座候。処には寄候得共、大概五間程掘候えば、土底に青へなと申土有之、此土を竹にて突通し候えば、下の岩と申に相当り、手ごたえ致候故、竹を抜候えば〔宜き〕水出申候。是も先中水之方にて御座候。堀抜と申候は、右之岩を堀抜候えば、水出申候。是を堀抜と申候。此仕形には大金掛り申候。」

井戸を九メートルほど掘ると、やわらかい粘土層である「青へな」がある。そこを竹で突けば水が出る。しかしそれは中水である。掘抜き井戸は、さらに「岩」を掘り抜かねばならず、掘削の費用は高くなるという。

江戸の掘抜き井戸は単なる井戸掘りの問題ではなく、幕府にとっても重要な関心事であった。というのは、すでに述べたように享保期になって四上水が廃止されたため、水需給が逼迫しており、また武家のなかで自ら掘抜き井戸を掘って飲用水を確保する者が出てきたからである。特に後者については、上水を利用しないから水道料金にあたる水銀・普請銀を支払わないと言いだす者も出てきたという。今日の、上水（地表水）＝公水、地下水＝私水という構図がこのときすでに表面化していることは興味深い。

掘抜き井戸の技術は、その後、着実に普及し、天明年間（一七八一～八九年）になると、金属を使って掘り抜く方法が開発され、井戸の掘削深度もより深くなっていった。このような事情を生き生きと伝える文章がある。肥前国平戸藩の第九代藩主の松浦清《まつらきよし》(静山、一七六〇〜一八四一年)の『甲子夜話《かっしやわ》』である。

「予〔松浦静山〕ガ幼年ノ頃〔明和、一七六四〜一七七一年〕ハ江都ニ掘ヌキ井ト云モノハ少ク、本庄ノ東ニ宰府天神ヲ移セル社地ノ、亀井ト云所ノ井ハ、亀形ノ口ヨリ水ヲ吐セ出ス。(中略)然ルニ、予中年ノ前ヨリ掘抜ト云コト起リ、今ハ都下一般トナリ、西東ニ在ラザル処ナシ。」

掘抜き井戸は、一八世紀の後期、天明・寛政年間のころには江戸中でかなり普及していたことがこの文章からうかがえる。すでに述べた享保の水道改革の原因として、掘抜き井戸の普及を挙げる意見もあるが、四上水廃止の決定と掘抜き井戸の普及には明らかに時期的なずれがある。掘抜き井戸は、四上水廃止の原因ではなく、結果であろう。

もう一つ、江戸の上水と地下水の歴史からいえることは、人口増加が河川水の水資源開発の圧力を強め、地下水が需給逼迫を緩和していくという、戦後の巨大都市東京まで続く水資源開発のパターンが形づくられたことである。

村の生活と井戸

武蔵野台地東部、現在の東京都区部の山の手台地に入ると、神田川、善福寺川、妙正寺川、石神井川などの河川が台地面を開析し、細長い谷地《やち》が河道沿いに発達する。台地面の雨水はローム層を浸透し、地下水となって谷地にしみ出す。武蔵野台地東部は、このような谷地が発達するとともに、台地面も、地下水面が浅く、地下水利用に有利な地質条件であった。こうして江戸時代以前から、畑作を主体に安定した村落が形成されていた。

東京武蔵野台地の東部、現在の杉並区荻窪周辺における大正末期から昭和初期にかけての村の生活が記録として残されている。上荻窪村に在住の小俣秀雄は、『私稿 上荻窪村風土記』のなかで、当時の村の様子を、「荻窪の大正末期から昭和初期にかけての変遷ぶりは、まことに目を見張らせるに値するものであった。それまでは純農村地帯で、恵まれた自然を満喫していたのだが、大正十二年の関東大震災を契機として、大東京のベッドタウンとして急速に発展した」と述べている。

上荻窪村では季節の移り変わりにしたがってさまざまな伝統的行事が行われていた。ある村誌に、井戸に関する興味深い記述がある。水をすっかり汲み上げて井戸を掃除する「井戸替え」の作業である。七月七日に村の行事として行うことが多かったという。

「時期としては何月頃だったたか、井戸替えを毎年やった。附合——戦時中の隣組組織のようなもので組合ともいった。——この男達が総出で、一軒ずつ片っぱしから井戸の掃除をして歩いた。昔の井戸は開放井戸で、この辺では浅い所は一七、八尺〔約五メートル〕、深くても三十五尺〔約一〇メートル〕程度であった。簡単な移動式のやぐらを井戸の上に建て、滑車に麻縄の太いのを通して木桶の大きいのを「テンバ」というものを結び付け、井戸から水を汲み上げる。男達だけでなく、女子供も綱を引いて水を汲む。水の深さが三尺位〔約九〇センチメートル〕になると、元気な男の人が「みの」を着て小桶を持って、大きな桶に入って井戸の中に降りて行く。（中略）井戸は真直に掘ってあるが、たいてい底の部分がいくらか広くなっており、人一人立っていても桶を上下させることができるように掘ってあった。井戸に入った人は小桶で大桶に水を満たして合図を送ると、上の者は急いで桶を引き上げる。」

井戸替えが毎年の村の行事であったことから、井戸は単なる日常生活の手段ということを超えて、自分たちの生活を守ってくれる存在とみなされていたことがわかる。

別の著者による荻窪村誌にも、同様に井戸替えについての記述がある。当時は各戸に井戸があり、主に、車井戸、跳釣瓶《はねつるべ》井戸、釣瓶井戸、木製のポンプも使われていたようだ。やはり井戸替えは村をあげての行事だったようで、一日に約二〇軒の井戸替えをしたという。

武蔵野台地東部では、西部と異なり、表層の関東ローム層とその下の武蔵野礫層の間にローム質粘土層がはさまっており、その粘土層が不圧帯水層の基底となっている。井戸水は主に釣瓶を使って汲み上げられていたが、大正期以降、徐々に手押しポンプも導入されるようになった。人々の生活用水には、戦前まで、場所によっては戦後まで浅井戸が利用されていた。

ここで時代が相前後するが、江戸享保期の掘抜き井戸以後の井戸掘削技術の発展について述べる。時代は再び江戸、掘抜き井戸の時代にさかのぼる。

上総掘り

井戸は、近世以前にはほとんどが人力の手掘りで、人が中に入って掘っていた。この方法では深さがせいぜい二〇メートルをやっと超える程度であった。

江戸時代になると井戸掘り技術にも改良が加えられ、享保期に掘抜き井戸が始まり、人が中に入って掘れないような深さ三〇メートル以上の井戸掘削のための工夫が重ねられた。

掘抜き井戸が始まって間もなく、大坂の井戸職人によって掘抜きのための金棒掘りが考案された。すなわち先端に鑿《のみ》を取り付けた金棒を上下させ、衝撃を加えながら井戸を掘っていく方法である。金棒は、直径六センチメートル、長さ七メートルの鉄の棒であるが、それを最大五本まで連結して掘削した。金棒は一本の重さが九〇キログラムあり、やぐらを組んで金棒を上下させ、掘削くずを引き上げる作業には十四、五人の人員が必要とされた。

金棒掘りは江戸末期から明治時代中ごろまで続く。その後、金棒掘りに代わって井戸掘削技術の主流となったのが「上総掘《かずさぼ》り」である。

上総掘りの発祥地は、千葉県中部の上総地方、現在の君津市の小糸川・小櫃《おびつ》川に沿う地域とされている。文化一四（一八一七）年、当時の中村糠田に住む池田久蔵が鉄棒で突く方法で掘抜き井戸を掘ったことに始まるとされる。しかしこの方法では、従来の金棒掘りと同様、最大二〇間（約三六メートル）までしか掘れない。そこで金棒の代わりに樫棒を用いるという改良が施され、明治一五（一八八二）年には、その方法によって五、六十間まで掘れるようになった。

その間、さまざまな技術的工夫が重ねられたが、明治一六年になると、樫棒に代えてさらに「竹ヒゴ」が発明され、その先端に金属製の掘り機をつけた「ヒゴ突き」による井戸掘削が試みられた。

掘削のために地下深くに伸ばす部分が軽くなって作業しやすくなり、一挙に掘削能力が向上し、樫棒で五、六人を要した人員を、二、三人に減らすこともできた。そして何よりも人力のみで五〇〇メートルを超える掘削が可能となったのである。

その後、明治一九年に「ハネ木」、明治二六年には「しゅ木」と「ヒゴ巻き車（ヒゴ車）」と考案が続いた。この「ヒゴ車」とは、掘削部の先端の錐を取り替えたり、掘削くずを引き上げ

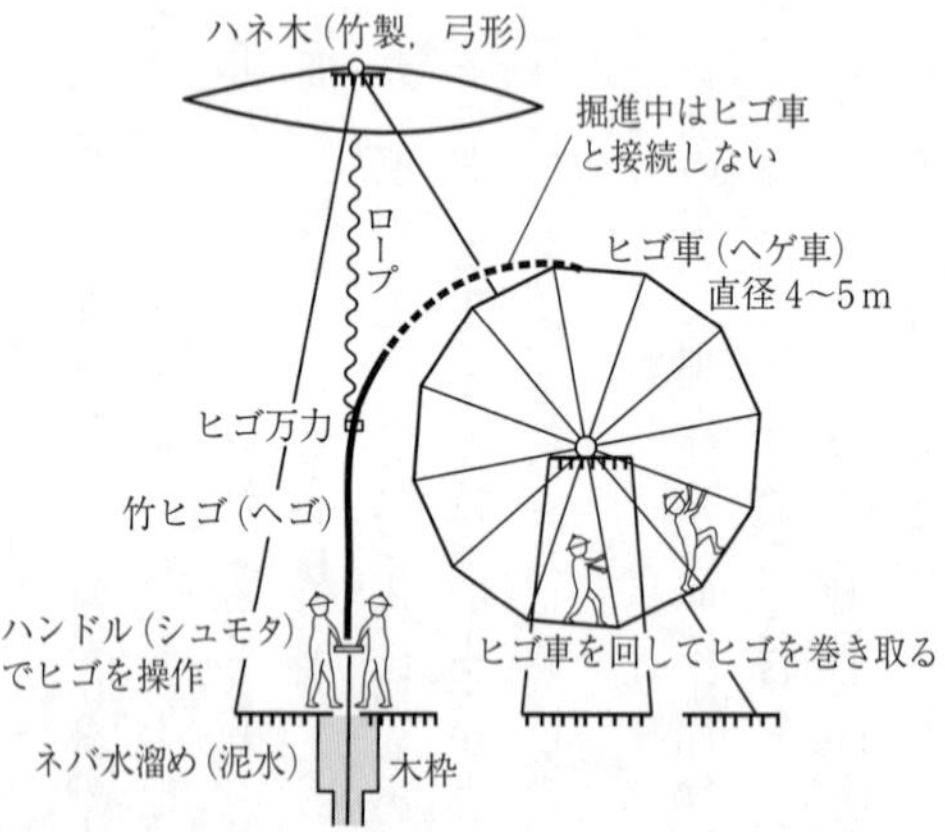

図3-5　上総掘り．やぐらに固定したハネ木の弾性で竹ヒゴを上下させて掘削する．掘削くずを出すために，竹ヒゴと掘り機を穴から引き上げるには，人がヒゴ車の中に入ってハツカネズミのように回転させて竹ヒゴを巻き取る．2,3人の人力のみで500mを超える掘削が可能

るためにヒゴを巻き取る車である(図3-5)。

こうして今日の上総掘りの技術体系が完成したのは明治二九(一八九六)年ごろといわれている。以後、明治後期から大正時代にかけて、上総掘りは、日本各地で生活用水・灌漑用水用に深井戸の掘削技術の主流として応用されていく。

井戸掘削の技術革新

上総掘りは、どのような地層でも掘れるというわけではない。上総掘りが千葉県君津市付近を発祥地とするのは、この上総地方の地層が砂利の少ない掘りやすい細粒の地層であったことと、自噴する被圧地下水が豊富であったことによる。実際のところ、上総掘りは、礫まじりの堅い地層の掘削には限界があったのである。

明治期の地下水利用の状況を知るうえで貴重な文献がある。大正四(一九一五)年に出版された『地下水利用論』である。著者は、当時の会計検査院長であった法学博士田尻稲次郎である。田尻博士は地下水の専門家ではないが、地下水開発に関する知識は豊富であり、鑿井に関する欧米の情報を踏まえながら、地下水利用論を展開している。

明治期の井戸掘削技術の現状に対して、以下のように述べている。

「従来日本に於ける鑿井法は上総掘を最上とし能く一千尺(約三〇〇メートル)以上を掘下し得と雖も要するに普通掘抜井を作るに止まり稍々《やや》硬質の岩石盤に際会するときは忽ち《たちま》其工事を中止するの止むなきに至る、(中略)斯の如く世界の鑿井術は駸々《しんしん》乎として進歩せるにも拘らず、我国に於て纔《わずか》に之を石油事業に応用するに止まり、飲料水は勿論他国に例なき灌漑の必要あるにも拘らず、地下水利用の為めに之を用ふる事を為さざるは旧式の武器を以て戦争に従事すると夫れ将《は》た何を乎選ばんや」

当時、「上総掘り」は最先端の鑿井技術と見られていたことがわかるが、堅い地層の掘削には限界があることを述べ、欧米の進んだ掘削技術(実は石油の採掘技術である)の導入を強調している。また、同書では、当時の井戸の状況について、約一二〜一五メートルの浅井戸が多く、掘抜き井戸でも六〇〜九〇メートル程度であり、深度二〇〇メートルを超えるような井戸はほとんど存在しないこと、さらに井戸内壁の構造が不完全で衛生面に問題があることも述べている。掘抜き井戸は浅井戸に比べ水質的に良好であると考えられるが、井戸の構造上の問題から非衛生な状態になる可能性もあることをうかがわせる。そこで、田尻博士は最新技術による深井戸の掘削を強調する。

「現在日本人の用水となりつつある浅き井戸水が降雨の多少に依りて忽《たちま》ち甚だしき増減を来すを見深井も亦之と同一なりと思惟するは誤れるの甚だしきものなり、深所の地下水の多寡は地層の如何に由りて決定せらるるものにして（中略）地層が粗鬆《そしょう》なる砂礫に依りて構成され居る場合に於ては一時多少は水位下ることあるべしと雖も爾後永久に一定の水量を供給して尽きざるべし」

深井戸を掘って良好な帯水層に当たれば無尽蔵に地下水を汲み続けることができる、という。

大量揚水への道

日本において最初に本格的な深井戸掘削に成功したのは大正二（一九一三）年四月のことであ

る。日本鑿泉《さくせん》合資会社（現・株式会社日さく）が東京府下落合村（現・東京都新宿区下落合）において、アメリカ製のロータリー式鑿井機で深さ一六〇メートルの深井戸を掘削した。この鑿井の成功は日本の井戸掘削の歴史において画期的なできごとであった。『地下水利用論』では、このできごとを「我國に於ける鑿井の成功」として興奮気味に述べている。

「我国の鑿井事業は前陳の如く夫れ幼稚なり、而して其幼稚なる中に於て稍見るに足る者は日本鑿泉合資会社の事業なり、同会社は其試掘井を東京府下落合村に掘鑿し相応の成績を収め得たるは既に世の知る所なり、同試掘井は深さ五百二十尺（約一七六メートル）ありて口径一尺二寸（約三六センチメートル）の鉄管を其深さに挿入し其鉄管の最下部百四十尺（約四二メートル）を「ストレイナー」と為し其百四十尺の箇所には大小無数の穴を穿ちて水の吹揚げに容易ならしめ百四十尺の厚さある含水地層中に湛えられたる深底の水を吸揚ぐる結構にして三十馬力の電機動力を装置せる揚水ポンプを据付けて水を吸揚ぐるに最少限度に於て一昼夜三万石の清冽玉の如き良水を不断に噴出す」

この深井戸における汲み上げ量は、一日あたり五四〇〇立方メートルを超える。現在の深井戸の水道水源井の揚水量が一日あたり一〇〇〇〜二〇〇〇立方メートルであることを考慮すると莫大な汲み上げ量である。

また、この地下水汲み上げに強力な揚水ポンプが使用されたことにも注目すべきである。

ここで、地下水開発に石油採掘技術が導入されたことの象徴的な意味について考えないわけにはいかない。なぜなら、深井戸で揚水の対象になる深層の被圧地下水は、不圧地下水に比べて循環が弱く、自然の状態ではほとんど流動せず、化石燃料的性格が強いからである。

大正期以降、日本の地下水開発は本格的な近代化の道を突き進む。石油採掘技術の導入により、深井戸の鑿井は飛躍的に進展し、同時に揚水ポンプ技術の普及と相まって、地下水開発がいよいよ深井戸による大量揚水の道へと入ったのである。しかし、この大量揚水の技術は、水資源開発において新たな可能性を切り開くとともに、戦後の高度経済成長期を通して、地盤沈下や地下水・湧水涸渇という深刻な地下水障害を引き起こすことになるのである。

第四章　環境としての地下水

神田川の環状 7 号線地下調節池．深さ 40 m，全長 4.5 km の大深度地下構造物である（東京都建設局の資料より）

戦後の高度経済成長にともなう地下水開発は、深刻な地盤沈下と水循環不全という環境問題を引き起こした。これらの環境問題は、地下水という水資源の開発の結果もたらされたものである。一九七〇年代に高度経済成長は終わり、八〇年代からは「環境としての地下水」の時代に入る。水資源問題としてではなく、私たちのまわりの環境の一部としての地下水にさまざまな異変が生じるのである。ここでは八〇年代を代表する地下水環境問題である、地下水汚染、地下水揚圧力、そして九〇年代に注目されるようになった地下水流動阻害について論じる。

1　有機塩素化合物による汚染

ハイテク汚染の衝撃

地盤沈下が沈静化へ向かっていた一九八〇年代はじめ、ハイテク汚染という新たな地下水の環境問題がクローズアップされた。すなわち一九八一年、アメリカのシリコンバレーで、ハイテク工場における有機溶剤、トリクロロエチレンやテトラクロロエチレンなどの、発がん性のある揮発性有機塩素化合物による地下水汚染が発覚したのである。

この新たな地下水汚染が知られると、環境庁は、日本における有機溶剤の汚染状況を調べるため、一九八二年度、全国一〇大政令都市と地域バランスを考慮した五都市の計一五都市を対象に調査を実施した。浅井戸一〇八三検体と深井戸二七七検体の合計一三六〇検体について、硝酸性・亜硝酸性窒素（肥料や生活排水に含まれ、健康被害を生じる）、そしてトリクロロエチレン、テトラクロロエチレンなどの揮発性有機塩素化合物を含む一八項目の汚染状況を調査したのである。

その結果、全国的な規模での深刻な地下水汚染の実態が明らかになった。トリクロロエチレンが約二八％の検体で検出され、そのうちＷＨＯ暫定基準値（一リットルあたり〇・〇三ミリグラム）超過が四〇検体（浅井戸二六、深井戸一四）あった。テトラクロロエチレンの検出率は二七％、ＷＨＯ暫定基準値（同〇・〇一ミリグラム）を超えるものは五三検体（浅井戸四一、深井戸一二）であった。また、硝酸性窒素の検出率が約八〇％と最も多く、しかも一〇％が水道水の水質基準を超えていたことも注目された。

トリクロロエチレンやテトラクロロエチレンは、本来自然界には存在しない人工物質であり、それが浅井戸のみならず、深井戸でも検出されたことは関係者に衝撃を与えた。これまでの章で述べてきたように、深井戸は、被圧地下水を汲み上げる井戸である。被圧地下水は上部に難透水層の蓋があるため汚染を受けにくく、水質的にきわめて良好な水であることから、特に上水道水源として多量に汲み上げられてきた。上水道用の井戸から発がん性の疑われる物質が検出されたことは衝撃的なできごとだった。

追跡調査と暫定水質基準

環境庁は、一九八三年度に追跡調査を行い、さらに一九八四年度以降は毎年度、地方自治体の調査を集約して有機塩素系溶剤の汚染状況を把握することとした。また一九八四年二月には水道水のこれらの物質に対する暫定的な水質基準を定め、一リットルあたりトリクロロエチレン〇・〇三ミリグラム以下、テトラクロロエチレン〇・〇一ミリグラム以下、1、1、1-トリクロロエタン〇・三ミリグラム以下とした。この設定値は、水質汚染も、PPM(一〇〇万分の一、すなわち水一リットル中の有害物質が一ミリグラム)からPPB(一〇億分の一、すなわち水一リットル中の有害物質が〇・〇〇一ミリグラム)の領域へ入ったことを意味している。

一九八九年六月には水質汚濁防止法を一部改正し、同年一〇月より施行した。この水質汚濁防止法改正により、トリクロロエチレンとテトラクロロエチレンは有害物質に追加指定され、これらの有害物質の地下浸透が禁止されることとなった。

一九八九年度の環境白書によると、一九八八年度までの五年間の概況調査で、約二万六〇〇〇本の井戸のうち、暫定基準値を超えた割合は、トリクロロエチレン二・七％、テトラクロロエチレン四・一％となっている。特に市街地を中心に全国的に汚染が広がっていることが明らかになった。新聞報道などで取り上げられた自治体は、府中市、八王子市、三鷹市、日野市、川崎市、千葉県君津市、仙台市、京都市、高槻市、長野県大町市、熊本市、兵庫県太子町などである。

東京都では、府中市と八王子市の上水道水源井から、トリクロロエチレンがＷＨＯ暫定基準の三〇倍を上まわる濃度で検出された。府中市が位置する武蔵野台地では、有機溶剤による汚染が不圧地下水から被圧地下水まで深層化していた。

実は東京都では、すでに一九七〇年代に、井戸水から高濃度の有機溶剤が検出されていた。一九七四年の東京都衛生研究所の調査によると、工場の汚染井戸水からきわめて高濃度のトリクロロエチレンとテトラクロロエチレンが検出されている。研究所の報告書では、「これらの溶剤が環境汚染物質として認識されはじめたのはごく最近のことである」としている。アメリカ発のハイテク汚染の衝撃は、その七年後である。

その後、国分寺市、小金井市などを流れる野川の源流の湧水でも汚染が確認された。その水源に近い、環境庁選定「昭和の名水百選」のひとつである「真姿《ますがた》の池湧水群」でも有機塩素化合物が検出されている。

汚染源はどこか?

地下水汚染の実態は明らかになったものの、汚染源の特定まで調査が進んだケースはそう多くない。

兵庫県太子町では、一九八三年一二月、上水道用の地下水を汲み上げる二か所の水源でWHO暫定基準を超えるトリクロロエチレンの汚染が判明し、その汚染源が東芝太子工場であることがわかった。同工場内の半導体素子の洗浄を行う四〇七号建屋の排水から、高濃度のトリクロロエチレンが検出されたのである。また君津市では、一九八七年に地下水汚染が判明し、汚染源は整流用半導体チップを製造していた東芝コンポーネンツであることがわかった。同社工場のトリクロロエチレンの貯蔵タンク跡地から、高濃度の汚染土壌が発見された。このように、トリクロロエチレンなど有機塩素系溶剤による地下水汚染は、国内においてもシリコンバレー同様、ハイテク工場が発生源になっているケースが多い。

トリクロロエチレンなどは、電子製品やデバイス製造工場における洗浄剤や、ドライクリーニングの溶剤などに使用される。洗浄効果のほかに、揮発しやすい、燃えにくいなどの優れた性質ももっており、その有用性のために膨大な量が生産された。そして使用された後は廃棄物として処分され、その一部が土壌から地下へ侵入し、地下水を広域的に汚染したのである。

有機化合物とは、炭素の化合物の総称（炭素の酸化物や炭酸塩などごく少数の簡単な化合物を除く）であり、一般には、自然の物質循環において微生物によって分解される。しかし、トリクロロエチレンを含む有機塩素化合物などの合成有機化合物は、微生物によって分解されにくい難分解性のものが多く、環境中に残留・蓄積し、人間をはじめとする生物にさまざまな悪影響を及ぼす。トリクロロエチレンやテトラクロロエチレンは、マウスを用いた動物実験によって、肝臓がんをはじめ、肝臓や腎臓などに障害を起こすことが知られている。

地下水の水質汚染

地下水汚染に限らず、一般に水質汚染の原因として挙げられるのは、（1）重金属類、（2）分解性有機物、（3）難分解性有機物、（4）無機栄養塩類、（5）病原性微生物、（6）放射性物質、（7）pHの偏り、そして（8）熱汚染、である。

地下水汚染の場合、(5)の病原性微生物が古典的な汚染問題である。一九九〇年一〇月には、埼玉県浦和市(当時)の私立幼稚園で、園内の浅井戸が病原性大腸菌に汚染され集団食中毒が発生し、園児二名が死亡した。この事件は病原性大腸菌O157とともに、井戸水の汚染について社会の注目を集めた。

硝酸性・亜硝酸性窒素は、(4)の無機栄養塩類に分類される。一九八二年の環境庁の全国調査でその深刻さが明らかになったが、農地の窒素肥料や生活雑排水に起因した地下水汚染物質としてすでに知られていた。これらは水によく溶けて陰イオンとなり、土壌粒子(負の電荷を帯びている)の間を容易に浸透する(カルシウムなど陽イオンは土壌に吸着されやすい)。硝酸性窒素を含む水を過度に飲用すると、メトヘモグロビン血症を引き起こすといわれており、水道水の水質基準も定められている。(3)の難分解性有機物としては、一九六〇年代後半にPCB汚染が問題になった。有機塩素系溶剤は、同じ難分解性有機物でも、新しい汚染問題として広く注目を集めた。

地下水汚染をもたらしやすい物質は、一般に、(1)多量に使用されること、(2)開放的に使用され、外部環境へ浸出しやすいこと、(3)地下水に侵入しやすいこと、(4)難分解性であること、(5)水に溶けること、が挙げられる。トリクロロエチレンなどは、水より重く、

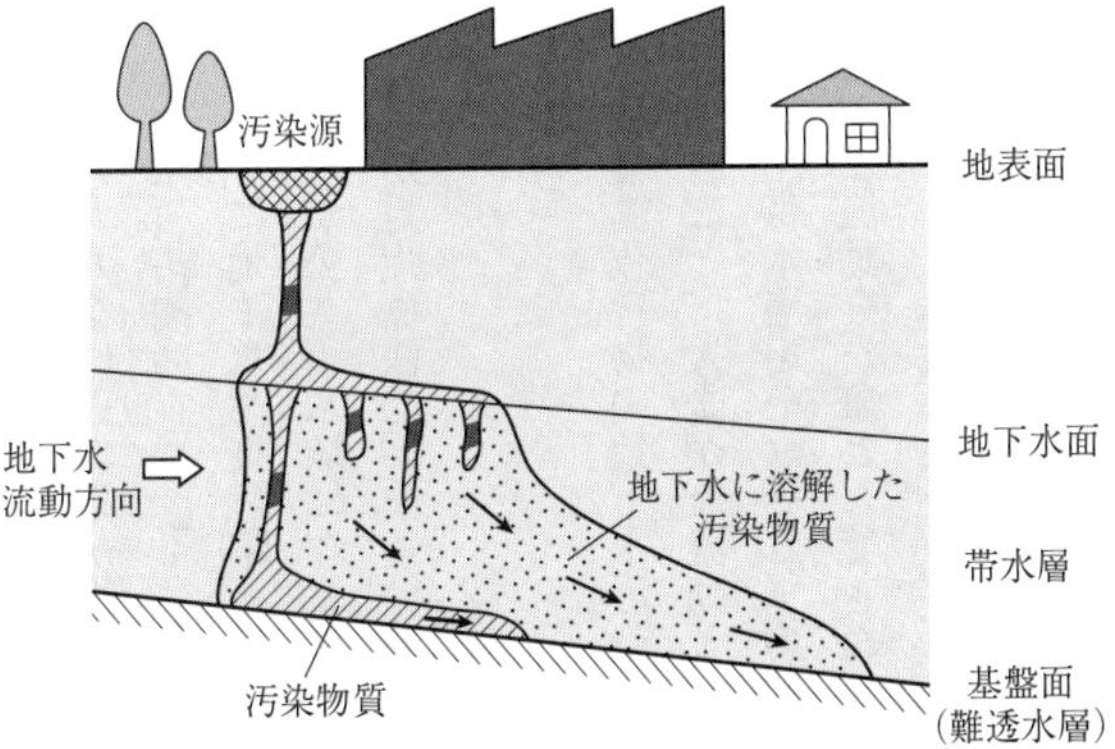

図 4-1　有機溶剤による地下水汚染(前川統一郎(2005)による)

粘性・表面張力は水より小さい。地層に吸着されることもなく、化学的にも安定しているため、容易に地下に浸透し、帯水層中ではわずかに溶け出しながら地下水を汚染する。難溶解性ではあるが、わずかに溶解しただけで水質基準を超える汚染問題となるのである。図4－1に有機溶剤の地中における汚染の挙動を示した。

地下水の水質基準

地下水の水質に関する法制度は、まず環境基本法の環境基準がある。一九九三年に制定された環境基本法では、公共用水域に関する環境基準を設定していたが、地下水は公共用水域に含まれていないため、地下水を対象とした環境基準はなかった。ところが有機塩素化合物や硝酸性窒素などの地下水汚染が進行したことから、一九九七年に水質汚濁にかかわる二三項目について環境基準が設定され、さらに一九九九年に三項目が追加された。

また水質汚濁防止法(一九七〇年)も、有機塩素系物質による地下水汚染の実態を踏まえ、一九八九年に地下水汚染対策と事故時の対策を含むかたちで改正された。

地下水が公共用水域に含まれていないことは、地下水が公水ではないことと同義であり、このことが対症療法的、後追い的な地下水法制度の整備という結果になった。

水みち

有機塩素化合物の地下水汚染は、地下水流動の見方にも影響を与えた。それまで地下水の流れは地層ごとに大まかな流動としてとらえられてきた。地盤沈下や水循環の理解も、不圧帯水層や被圧帯水層をそれぞれ平均的な水理特性をもった均一な地層とみなし、その帯水層内のおおまかな流動を対象としてきた。しかし、有機溶剤の地下水汚染によって、地下水のある部分、汚染された(いわば「色」のついた)地下水の挙動に関心が向かうことになった。これまでも、安定同位体をトレーサー(目印)として地下水の動きを探るような研究も行われてきた。しかし、この地下水汚染の問題では、汚染物質の侵入路や経路、あるいは汚染物質の広がりというように、より微細な地下水の流れが問題とされるようになったのである。すなわち、「水みち」という地下水流動の水路である。

地下水帯水層となる地層は砂や砂礫からなるが、帯水層全体は均一ではなく、より詳細に見ると、比較的透水性の高い部分と低い部分とがある。透水性が連続して高い部分が地下水の流路となり、「水みち」と呼ばれる。また、地下の帯水層と難透水層も単純に平行に重なっているわけではなく、地中で谷や尾根といった地形をつくっていることが多い。長い間に旧河道が地下に埋没して、連続的な「水みち」となり、そこを汚染物質が広がっていくことも確認されている。

このような自然の「水みち」に対して、人工の「水みち」もある。たとえば、下水道管を地下に埋設する工事では、下水道管の基礎として管の下に砂利や砕石を敷く。この下水道管に沿った連続した砂利や砕石が「水みち」となる可能性もある。

さらに、有機塩素系溶剤の地下水汚染において明らかになったのが、深井戸の構造に起因する人工的な「水みち」である。

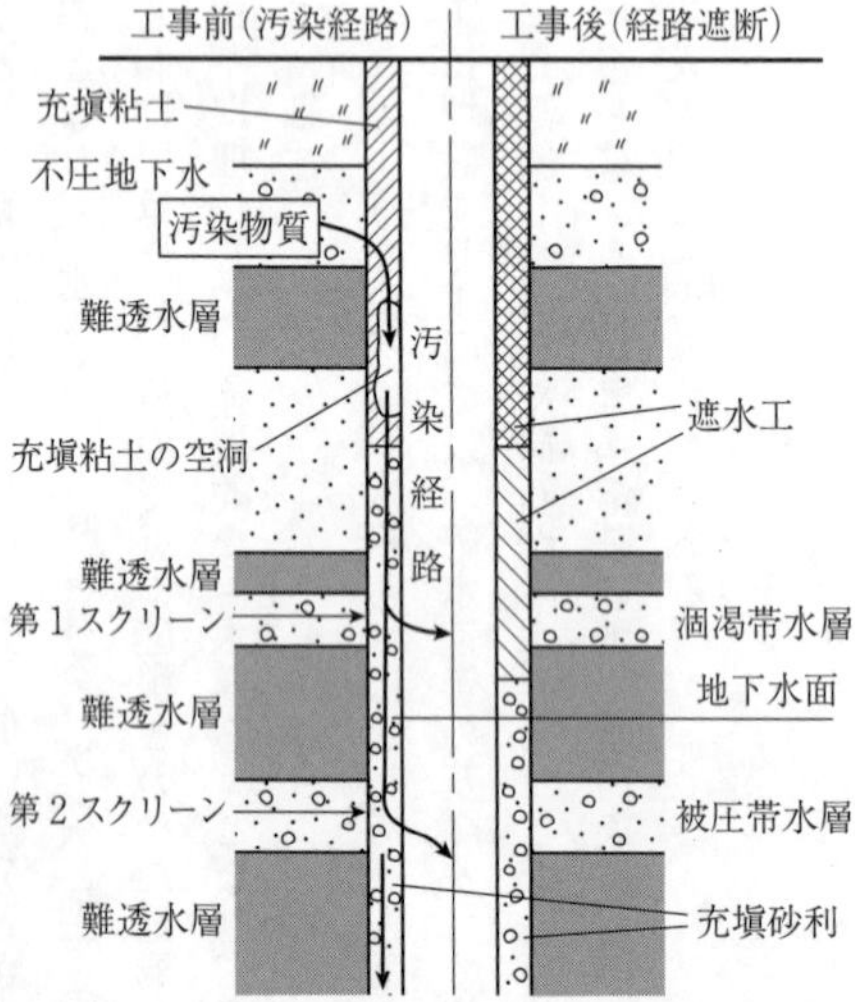

図4-2　深井戸の構造と汚染経路．左半分：遮水部分の空隙から汚染物質が被圧地下水に侵入する．右半分：汚染経路を遮断する工法の例

深井戸からの地下水汚染

環境庁による全国調査が行われた一九八二年、東京の三鷹市においても深井戸三九本の水質が調査された。その結果、二本の深井戸でトリクロロエチレンが検出されたものの、いずれも暫定基準値を下回っていた。ところが、翌年六月、三本の深井戸のトリクロロエチレンと、そのうちの一本のテトラクロロエチレンが暫定基準値を超えていることがわかり、直ちに取水を停止した。

調査した結果、深井戸の構造に起因する「水みち」による汚染経路が明らかになった。プリント板工場のトリクロロエチレン廃液が下水道へと流され、近くのマンホールの下部から砂礫層へと拡散し、土壌水、不圧地下水を通り、最終的に深井戸へと達したのである。

深井戸の構造は図４-２のようになっている。より多く地下水を汲み上げられるように、通常、複数の帯水層の位置にスクリーンを設けている。深井戸工事においては、井戸掘削後、掘削孔とケーシング（鋼管）の間隙に上から砂利を充填する。そして地表近くの不圧地下水の部分とそれより下部の深井戸のスクリーンのある部分には、遮水のために粘土を充填する。つまり栓をするのである。しかし、この遮水工事が不十分なものであったり、遮水部分に空隙があったりすると、そこを通って浅層の汚染した不圧地下水が下方の被圧地下水のほうへ流下することになる。このような「水みち」が遮水部分に形成されると、揚水による水位低下によって浅層地下水の流入がますます促進されることになる。三鷹市では、このような深井戸の遮水部分に空洞を確認し、あらためて汚染物質の汚染経路を遮断する工事を施した。これによって汚染の状況を改善することができた。

一九八〇年代に顕在化した有機塩素化合物の汚染経路が、すべてこのような深井戸の構造上の問題として生じたわけではないことはもちろんである。しかし、この三鷹市のケースが語るのは、自然経路、人工経路を問わず、地下水汚染の経路として「水みち」が重要な役割を果たしているということである。振り返ってみると、本書の第三章で引用した『地下水利用論』のなかで、明治時代の掘抜き井戸（深井戸）について、「加うるに井壁の構造不完全にして上層の汚水を混入し且つ其汲取方法は喞筒《そくとう》〔ポンプ〕竹竿、若《もし》くは縄と車とを使用し少からざる労力を要す、経済上衛生上其不利なる多弁を要せず」として、井戸の構造の不全から上層の汚水が混入する危険性を指摘している。

深井戸の構造が、汚染物質の混入しやすい問題をかかえていることは、将来の井戸管理という観点からいくつかの重要な課題を提起している。

深井戸の経年劣化

被圧地下水が深井戸を通して上水道の水源として利用されるようになるのは、一九五七年に水道法が施行されてからである。河川水が水利権の制約で容易に利用できないため、多くの市町村で深井戸が掘られ、地下水が汲み上げられていった。その当時、深井戸工事の発注者は地下水に関する知識に乏しく、請け負った井戸業者にも工事件数に見合う経験豊富な技術者が不足していた。井戸の発注者は、安いコストで地下水を確保することを考え、井戸工事の検査も十分ではなかった。そのころに掘削された井戸は、現在、稼働期間が五〇年を経過している。

深井戸の素材は多くの場合、配管用炭素鋼で、その耐用年数は一〇年とされている。しかし、現実には三〇年以上揚水を続けている上水道水源の深井戸も多い。あるものは経年劣化して揚水効率が著しく低下したまま利用され、またあるものは稼働を中止し、そのまま廃井になって放置されている。深井戸が数十年を超える長期間にわたって稼働している場合、なんらかの構造上の問題が生じていることは十分に考えられる。実際、ケーシングの溶接継ぎ手に亀裂が生じて、そこから不圧水が噴出している事例も報告されている。亀裂は、長年の間に錆が進行して発生する場合もあれば、地震時の横揺れなどによって発生する場合もある。

地下水の水質汚染リスクとして問題となるのは、このような老朽化した井戸が、汚染した地下水の「水みち」となってしまうことである。一九八〇年代に三鷹市水道部職員として水源井での有機溶剤汚染問題に深くかかわった古賀輝彦は、老朽化した深井戸、廃棄・放置された深井戸が、将来にわたって地下水汚染の温床となることを懸念している。そして、深井戸を廃棄する場合、遮水工を適切に施して水質汚染のリスクをなくすこと、また井戸を新設する場合は、材質の持続性が高く、地下水を効率的に集水できるスクリーンをもつ、ステンレス鋼製の深井戸を設置すべきであることを強く主張している。

汚染の現在

有機塩素化合物で汚染された土壌や地下水の浄化対策としては、汚染土壌の掘削、汚染された地下水の汲み上げ、土壌ガス吸引などの技術が用いられている。有機塩素系溶剤による地下水汚染の発覚から三〇年近くになる今日まで、民間や自治体で持続的に汚染調査や浄化対策が実施されてきた。また水道水源井となる地下水の安全性を確保するために関係者の努力が続けられた。

二〇〇八年、筆者は東京都小金井市の浄水場を訪ねて話を聞いた。上水道用に汲む地下水のなかには、まだ有機塩素化合物がごくわずかであるが存在している。しかし揚水した地下水を曝気処理(空気を吹き込んで攪拌する)によって水質的に問題ないレベルまで浄水しており、安全性については十分に確保されているということであった。

原発事故による地下水の放射能汚染

二〇一一年三月一一日一四時四六分、東北地方の太平洋沖でマグニチュード九・〇の巨大地震が発生した。沿岸部の町々は津波で破壊され、二万人に近い死者行方不明者をだす未曽有の災害となった。

この東日本大震災の被害を絶望的なまでに重いものにしたのが福島第一原子力発電所の事故である。冷却不能となった原子炉の炉心が溶融し、格納容器で水素爆発が発生して放射性物質が大気中に飛散した。四月二日には、高濃度汚染水が海に流出していることが判明した。つぎつぎと深刻な事態が明らかになっていくなかで、放射性物質による原子力発電所周辺の地下水汚染が懸念されるようになった。産業技術総合研究所は、放出された放射性物質の地下水への影響について解析を行った。二〇一一年四月六日付けの報告書「福島県の地下水環境」の骨子をまとめると以下のとおりである。

地下水による汚染を検討するには、まず地下水が流動する地層を特定し、各地層の透水性と地下水位の勾配を調べる。原子力発電所施設の下に分布する地層は、上から概略、土壌と砂礫・砂・泥の混じった表層（tm層）、難透水層である泥質岩層（Dm層）、主要な帯水層である砂質岩層（Ds層）からなり、地層は東の方向に傾斜している（図４-３）。地層の厚さは、海に近いところでそれぞれ五メートル、二〇メートル、二〇〇メートルである。

表層の地下水が汚染されていることは当然予想される。その下には透水性の低い泥質岩層が二〇メートルの厚さで横たわっており、汚染水がそこを通って主要な帯水層である深部の砂質岩層まで到達することはない。つまり、地下水汚染は表層部に限定される。

地下水の流速は、地層の透水性（透水係数）と勾配（動水勾配）を掛けて計算する。地下水が汚染された表層では一日に一センチメートル程度となる。汚染物質が表層に浸透すると地下水流に

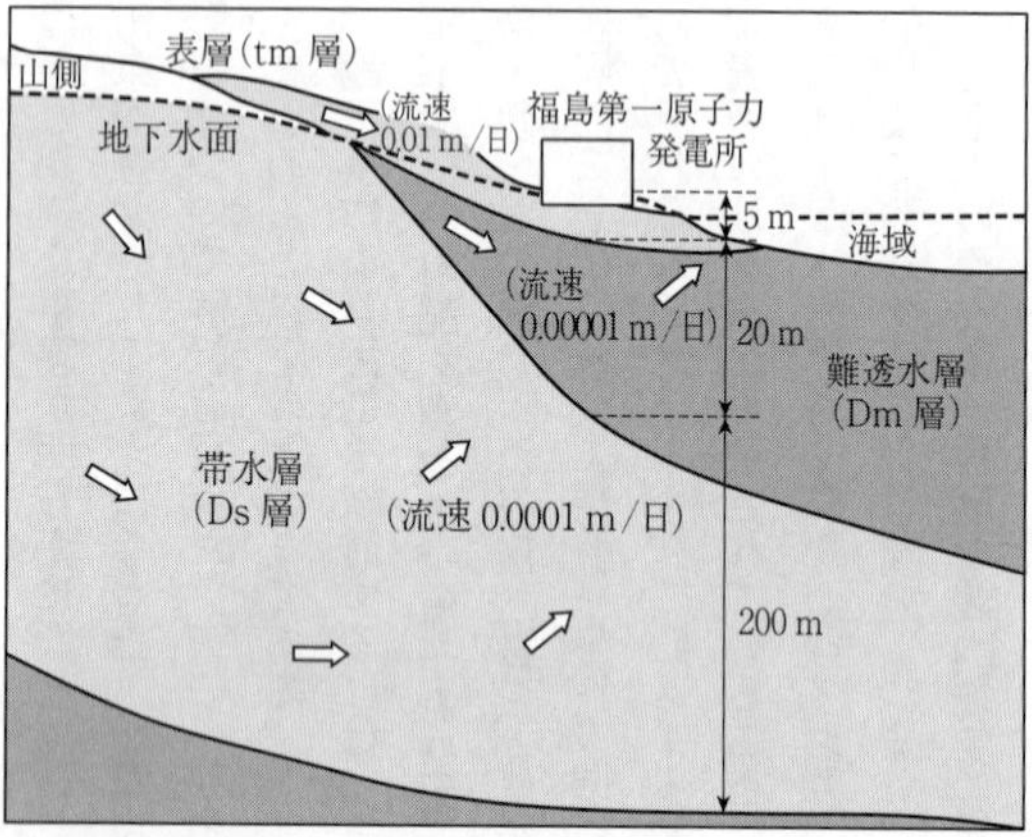

図 4-3　福島第一原子力発電所周辺の地下水流動（産業技術総合研究所（2011）による）

乗って海域に流下するものと考えられるが、その下位にある泥質岩層を通過して深部まで広がることは考えにくい。

こうして報告書は、汚染経路を明確に特定する必要があるが、大局的には広域まで影響を及ぼすことはない、と結論している。

原発による地下水汚染の今後

地下水の流れる速度は遅い。河川水は洪水のとき秒速数メートルで流れるが、地下水は透水性の高い砂礫層で、しかも勾配が大きい場合でも一日に一メートル程度である。このように、河川水と地下水では、一秒と一日の違いがある。原子力発電所周辺の表層汚染水の流速は、産業技術総合研究所によって一日一センチメートル程度と想定されている。これは、表層部の透水性と地形勾配を考えると、地層の平均的な流速としては妥当なものといえる。

しかし、ここで注意が必要なのは、地層の平均的なマクロな流れと汚染水のミクロな流れとは区別しなければならないということである。つまり、汚染水は地層の土壌粒子の空隙を流れるが、そのなかでも流れやすい「水みち」を通るのである。そのミクロの流速は、マクロ的な平均流速（専門的にはダルシー流速という）より速くなる。「汚染経路を明確に特定する必要がある」という報告書の言葉は、このことを意味していると受け取れる。

また報告書では、汚染水は表層に限定され、深部の帯水層へは到達しないとしている。泥質岩層は難透水層であり、その低い透水性を考えるとそのような判断も合理的と思われる。しかし三鷹市の深井戸汚染のケースで論じたように、井戸の遮水工に欠陥があると、井戸まわりの充填砂利を通って汚染水が下方に漏れる可能性もある。

原発事故によって、放射性物質は、発電所周辺のみならず、数百キロメートルの範囲に飛散した。地表面に到達した汚染物質は、降雨によって土壌を汚染し、それはさらに地下水を汚染する。その過程で汚染物質は薄められていくが、微量ではあっても無視することはできない。放射性物質の種類によって土壌への吸着性に違いがあり、また半減期も異なっているので、きめ細かな対応が望まれる。今後、地下水汚染のリスク管理という観点から、原子力発電所周辺の詳細な水質のモニタリングが必須である。

2　地下水が地下駅を持ち上げる

一九八〇年代になると揚水規制によって東京低地の地盤沈下は沈静化し、地下水位が徐々に上昇しはじめる。すると、この地下水が地下構造物の底面を持ち上げるという事態が生じてきた。この圧力は構造上の危険性を生じるほどである。

上野駅の地下水上昇

東京低地の被圧地下水位は、一九七〇年代、最も低い位置にあった。当時、多くの地下構造物が建設されたが、建設時には地下水位は構造物の底面より下にあった。その後、地下水位は徐々に上昇する(図1-9)。そしてついには構造物の底面より上まで水位が上がってきた。

地下構造物は、地層の中に埋め込まれた中空の構造なので、平均して周囲の地層中にある水の比重より軽くなる場合がある。このとき地下水位が構造物の底面を超えて上昇すると、浮力

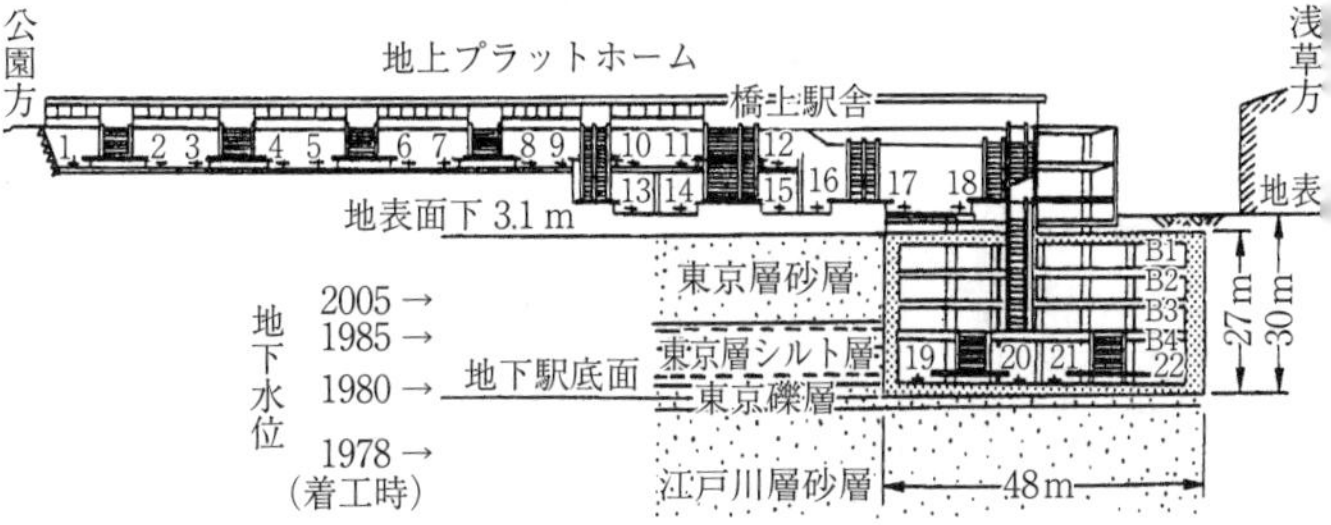

図 4-4　上野駅の地下構造(片寄ら(1996)による図に加筆)

を受けることになる。

新幹線上野地下駅は、着工が一九七八年、完成は八五年である。地表から地下約三〇メートルまで掘削する開削工法によって工事は進められた。着工時の地下水位は地表面下三八メートル付近、すなわち地下構造物の底面より約八メートル下のところにあった(図4-4)。この地下水位は、江戸川層砂層という被圧帯水層の内部にあたる(その上側のシルト層が難透水性の加圧層)。つまり、この帯水層は水で満たされておらず、不圧化していたことがわかる。

ところが、工事開始二年後の一九八〇年には、地下水位が地下駅の底面に達し、完成した八五年には地表面下二〇メートルまで上がった。七年間で一八メートルの上昇である。おそらく工事関係者もこのような事態は予測できなかったのではないだろうか。

二〇〇五年末の地下水位と底面との差は一五・四メートルで

ある。このとき浮力によって、地下構造物の底面には、一平方メートルあたり約一五・四トンの上向きの圧力(揚圧力)がかかるようになる。床版《しょうばん》の変形、躯体の浮き上がり、躯体コンクリートのひび割れ、部分的な破壊が生じる危険性がでてくる。対策が検討され、カウンターウェイト(重し)を床面に載荷してこの圧力に対抗させた。

まったく同じ問題が、JR東京地下駅でも生じた。東京地下駅ではその対策として、下方の地層に構造物を固定する「永久グラウンド・アンカー方式」が採用されている。

変化する自然水位

上野地下駅のケースであらためて考えることは、被圧地下水位をどう見るか、ということである。地下水位に関して、動水位と静水位という概念があることを第一章で述べた。井戸で地下水を汲み上げるとき、揚水前の水位を静水位、揚水することによって低下した水位を動水位という。動水位は揚水量によって変わるが、静水位は揚水量とは独立のものと考えるのが通常である。この静水位は別の言い方で「自然水位」ともいわれる。つまり、地下水を揚水しない状態での地下水位は、その場所の自然状態での地下水位と見なされるのである。

上野地下駅の着工時は揚水のない状態であったから、底面から八メートル下の水位が「自然水位」であり、変化することのない、その場所本来の地下水位と見なされた可能性がある。しかし、静水位あるいは「自然水位」も、被圧地下水の広域流動によって、ゆっくりではあるが変動するのである。第一章で述べたように、一九六〇年代に存在した東京低地の地下水位低下地帯も、その後の揚水規制によって、現在ではほとんど見定めることができない。

都市部の地下工事関係者にとって、通常出あう地下水は不圧地下水である。不圧地下水の扱いについては、地下水位低下工法など、豊富な技術が確立されている。しかし、都市域の大深度地下開発で出あう被圧地下水は、降雨による変動もなく、見た目にはほとんど静止しているため、そのままその場所の自然の水位と見なされたのであろう。

地下鉄の駅の湧水を環境用水に

近年、地下水位上昇にともなって、地下鉄をはじめとする地下構造物で被圧地下水が湧出するようになった。これは設備の維持管理上、やっかいな問題である。

ただしマイナス面だけではなく、プラス面もある。地下鉄の駅などの湧水は、下水道法にしたがえば、料金を払って公共下水道へ排水しなければならない。しかし、東京都建設局は、地下鉄湧水を都市河川の平常流量を確保するための環境用水として使い始めた。そのため、下水道法第一〇条の「ただし書き」を根拠に、東京都下水道局から湧水を公共下水道に放流しなくてもよい許可を得た。二〇〇四年より、東京メトロ日比谷線の地下鉄湧水を渋谷川・古川に流して、平常流量の確保と水質改善に活用する事業を始めている。

新小平駅の浸水

地下構造物への揚圧力の問題は、被圧地下水だけではなく、不圧地下水によっても生じる。被圧地下水位の主な変動要因は地下水の汲み上げであるが、不圧地下水位の最も大きな変動要因は降雨の浸透である。不圧地下水の水位は、降雨が異常に集中した場合、通常時をはるかに超えて上昇することがある。

一九九一年一〇月、記録的な大雨により、JR武蔵野線の新小平駅(東京都小平市)で地下部のプラットホームが浮き上がる事故が発生した。

武蔵野線の前身は、貨物専用の武蔵野西線である。駅は、U型擁壁にはさまれた半地下の構造である。図4-5に示すように、この地域の不圧地下水の帯水層は、ローム層とその下の武蔵野礫層である。

不圧地下水位は渇水期には地表面下一〇メートル前後であるが、降雨期には五メートル前後まで上昇する。これが通常の不圧地下水位の年間変動である。図からわかるように、新小平駅は不圧地下水に常に浸かっている。

一九九一年一〇月一一日の深夜、新小平駅を通過した列車乗務員から「駅のホームの壁から水が出ている」という通報が輸送指令に入った。ただちに係員が現場に駆けつけると、線路やホームが持ち上がり、擁壁の継ぎ目から大量の水がホーム上に流出していた。現場の異変が一応おさまった後、ホームの周囲の状況を詳細に調べたところ、レール面が構造物とともに、約一二二メートルにわたって、最大約一・三メートル隆起していた。また、擁壁の継ぎ目が七〇センチメートル開き、そこから大量の水が吹き出していた。

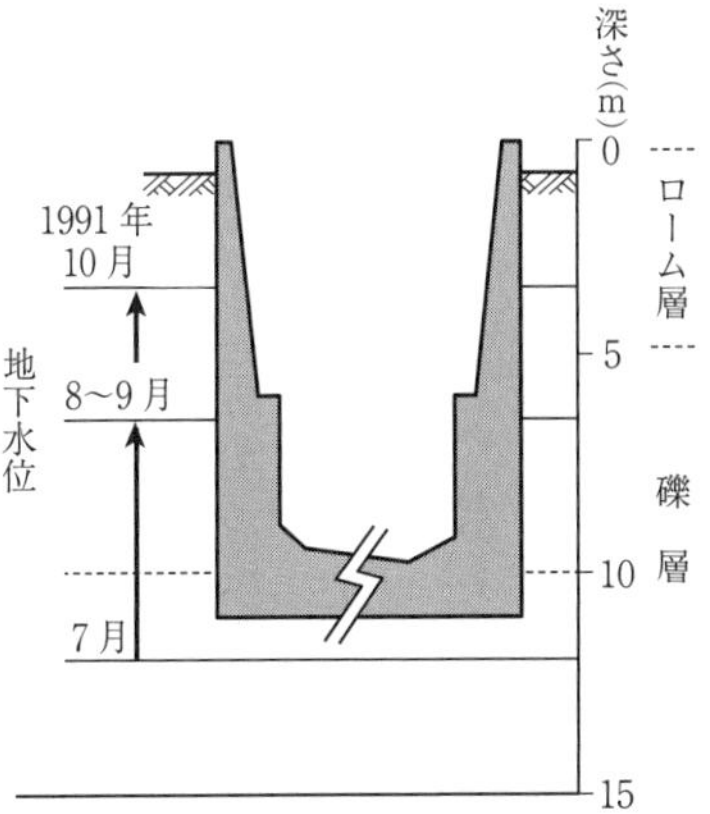

図 4-5 武蔵野線新小平駅の地層と1991年の地下水位の上昇

その後の水質検査でその水が地下水と判明し、この新小平駅の事故の原因が地下水位の上昇であることがわかった。すなわち、降雨の浸透で不圧地下水が急上昇し、その揚圧力によって半地下式の駅構造物が浮き上がったため、レール面の隆起や擁壁の破壊が生じたのである。

この事故の原因となった降雨と不圧地下水位の上昇はどのようなものであったか。気象庁のアメダス観測所(府中)では、七月の降水量はほぼ例年なみであったが、八月は二四二ミリ、九月は四八二ミリであり、東京の経年的な平均値(それぞれ一三七ミリ、一九三ミリ)と比較すると、記録的な降水量であった。さらに、一〇月ひと月の経年的な平均値が一八一ミリに対して、一〇月一日から事故のあった一一日までの一一日間の累積雨量は三二九ミリと、近年まれにみる記録的降雨であったことがわかる。

事故現場近くにある自治省消防科学総合センターの観測井戸のデータでは、七月はほぼ例年なみの水位で地表面下一一メートル程度であったが、八月から九月にかけて五・五メートルほど急上昇し、一〇月に入るとさらに三メートル上がって、事故時には、地表面下二・五メートルまできていた。数か月間の多量の累積降雨に短期的な豪雨が重なることにより、不圧地下水位の異常な上昇が生じたといえる。

豪雨による地下水位の上昇

武蔵野線新小平駅の事故は、地下構造物に対する揚圧力の作用の大きさをまざまざと示している。

上野地下駅のケースでは、地下水位の上昇に対してカウンターウェイトで対応したことにより、目に見える被害は生じていない。それは、その地下水が被圧地下水であり、水位の急激な上昇は起こらないからである。ただし、台風などの通過により、井戸内の被圧地下水位が一時的に急上昇することはある。しかしそれは大気圧の低下による上昇であり、地下水の体積が増加して水位が上昇するわけではない。

不圧地下水の場合、降雨の急激な浸透によって、地下水位が数日程度の時間で急上昇する。この異常な上昇が、地下水の漏水や地下構造物の破壊をもたらす。近年、豪雨の頻度が増える多雨傾向が指摘され、都市域ではゲリラ豪雨と呼ばれる急激な降雨が頻繁に起こるようになった。第二章で述べたように、東京の井の頭池においては二〇〇四年一〇月、記録的な豪雨によって、長年涸れていた湧水が復活するほど不圧地下水位が上昇した。

累積降雨と短期的豪雨が重なるときには、不圧地下水位の急上昇が生じる可能性があると考えなければならない。

3　地下鉄道が地下水を堰き止める

戦後、地下構造物をつくる技術がめざましく向上した。特に、一九八〇年代後半からのバブル経済期には、ジオフロントという言葉に象徴されるように、日本の大都市において数多くの地下構造物が建設されてきた。また交通渋滞を緩和する目的で、鉄道の地下化や地下鉄道・地下道路などの建設が進められた。こうして第2節の事例とは逆に、地下構造物が地下水の流れに影響を与える問題が生じてきた。これを地下水流動阻害という。

地下水流動阻害は、九〇年代以降、首都圏を中心に都市域で見られるようになった代表的な地下水環境問題である。

国分寺市の地下水異変

一九七四年、東京都国分寺市において、国鉄武蔵野西線の地下トンネル工事によって地下水流動阻害が発生した。おそらくこれが、わが国最初の地下水流動阻害のケースではないかと思う。

この地下トンネルは、第2節で紹介した武蔵野線新小平駅と同じ構造である。

武蔵野西線の地下トンネルは、総延長五キロメートルを超えて南北に走り、西から東へ流れる武蔵野台地の不圧地下水の水脈をちょうど堰《せ》き止《と》めるかたちになっている。武蔵野台地の不圧地下水は、地形に沿っておおむね西から東へ向かって流れている。そこへ南北方向の地下トンネルをつくったため、まともに地下水流動阻害が生じたのである。

当時の生々しい被害状況が、一〇月四日の読売新聞(多摩都民版)に掲載されている。

「わき水、二か月以上も〝床下浸水〟　工事で水脈異変?　市、国鉄などに調査要求　国分寺市西恋ヶ窪三の七七五を中心とした住宅街で、地下水がわき続けている。床下には冷たい清水が池を作り、庭先に掘ったみぞにはわき水の水ほうが絶え間なく浮かび上がる。この被害にあっているのは付近の約五十世帯で、こんな〝常時床下浸水〟の状態がもう二か月以上も続いている。原因はどうやら近くの国鉄武蔵野西線関連工事で、地下水の水脈がせき止められての現象らしい。たまりかねた住民の請願で、国分寺市は同線を建設した国鉄や日本鉄道建設公団に原因調査、対策工事を要求することにした。

地下水がわき始めたのは七月二十一日。前日の豪雨がウソのように晴れていたが、道路や庭は冠水したまま。この地域はくぼ地で、それまでにも浸水したことはあったが、今度はポンプ車やバキュームカーで水をくみ上げても一向に水はひかない。そのうち雨水ではなく、地下水であることが判明した。

〝被害〟を受けている約五十軒のうち十軒は二、三十センチもの床下浸水が一か月も続いた。夏場になってやっと水はひいたが、秋雨が始まると、またゆう水は激しくなった。住民は布団や家具を湿気の少ない二階へ上げたり、晴れ間に畳を乾したり、ゆう水対策に懸命。床下にたまる水はバケツでくみ出してもはけず、小型ポンプを備えた家もある。また、多くの家庭にはゆう水を流すみぞも掘られた。」

この地域の地下水面は地表から約五〜一〇メートルにあるのに対して、武蔵野西線の地下構造物は開削工法で地下一五メートルまで掘っている。工事によって、下流側では井戸涸れが起こり、上流側では地下水が地表面にしみ出し、住宅が水浸しになった。

地下水流動阻害

さて、地下水流動阻害とはどのようなものか。図4-6に示したように、地下水の流れに直交するような長い地下構造物をつくると、上流側では地下水が堰き上げられて水位が上昇し、下流側では地下水位が低下する。そのため下流側では井戸涸れや湧き水の涸渇などの水循環障

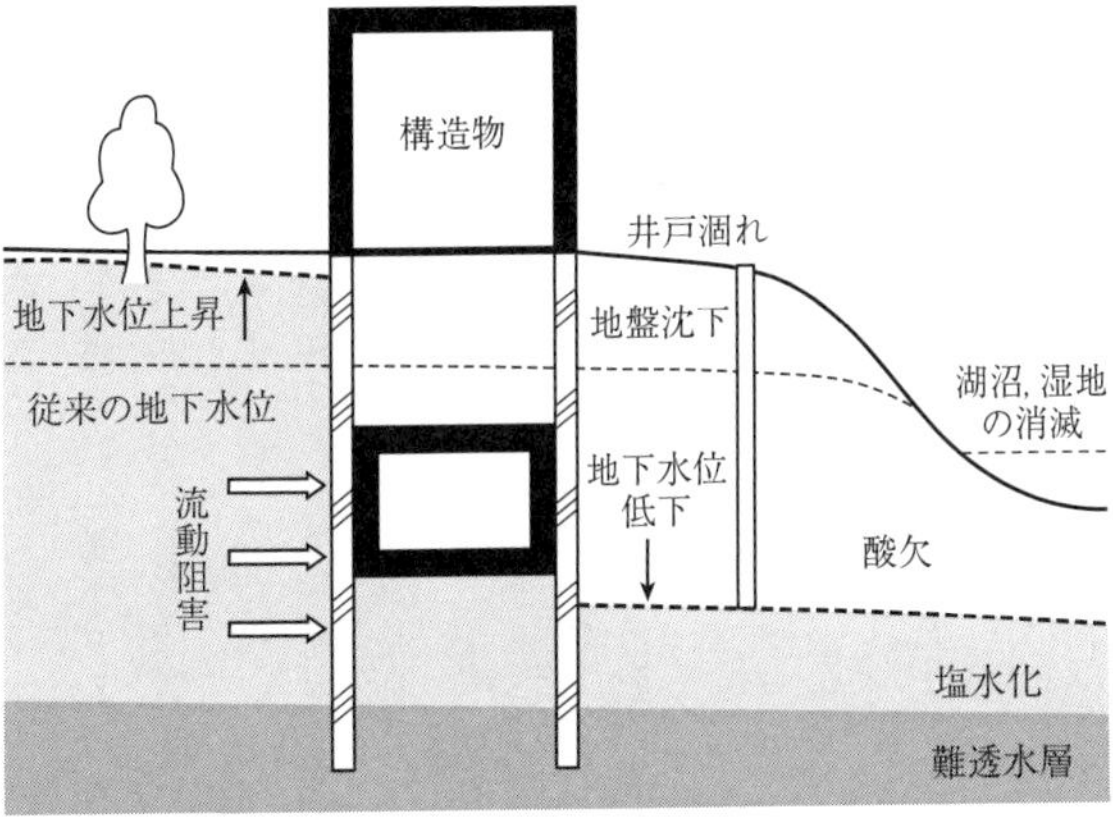

図 4-6　地下構造物による地下水流動阻害．左から右へ地下水が流れるところに，手前から奥に向かって長い構造物をつくると，地下水が堰き止められて流れを変えてしまう

害が生じ、上流側では樹木に根腐れが起こったり地下室に漏水が生じたりする。この概念図では下部が難透水層になっており、地下水が不圧地下水であることにあらためて注意してほしい。

地下水流動阻害は、特に流れに直交する線状地下構造物の場合に顕著であり、武蔵野西線のケースはその代表である。また地下構造部をもつマンションなどの場合、地下水は地下部を迂回して流れることも考えられるが、地下構造物が湧水への「水みち」に設置されると、地下水流動阻害が起こって湧水が弱くなる可能性も生じる。

一九七四年当時、工事を行った日本鉄道建設公団側が「地下水のことまではわからない」といっているように、地下水流動阻害はまだ知られていなかった。ただ、地下水流を意図的に堰き上げる技術は「地下ダム」として知られている。地下水の流動を阻害することでは現象的には同じであるが、前者は意図されなかった問題であるのに対して、後者は水資源開発の有用な方法である。

武蔵野線地下トンネルの下流側に国分寺崖線がある。崖線に沿って多くの湧水が分布しているが、一九八〇年代に筆者が現地で行ったヒアリング調査では、武蔵野線ができてからどうも湧水に勢いがなくなったという声もあった。被害にあった住民には気の毒としかいいようがないが、地下トンネル工事は、武蔵野台地の西から東に流れる不圧地下水の大水脈を南北に走る地下構造物で切った、地下水流動阻害の壮大な実験であったといえる。

京都の水の異変

京都は「いのちの水」ともいうべき地下水資源に恵まれ、人々が古くから地下水とかかわりながら豊かな水文化をつくり上げてきた。京都市は扇状地の上に位置し、地下には透水性の良い砂層や砂礫層が連続的に広がっている。不圧地下水の主流は東部丘陵地帯から京都の街を西南方向に流れ、深さ三〇メートル以深の被圧地下水は北西部から市街地へ、さらに南に向かって流下している(図4-7)。被圧地下水が自然に流動しているのは扇状地ゆえである。京都盆地の地下には琵琶湖の水に匹敵する水量が蓄えられているともいわれている。この京都の地下水に、一九九三年、異変が生じた。

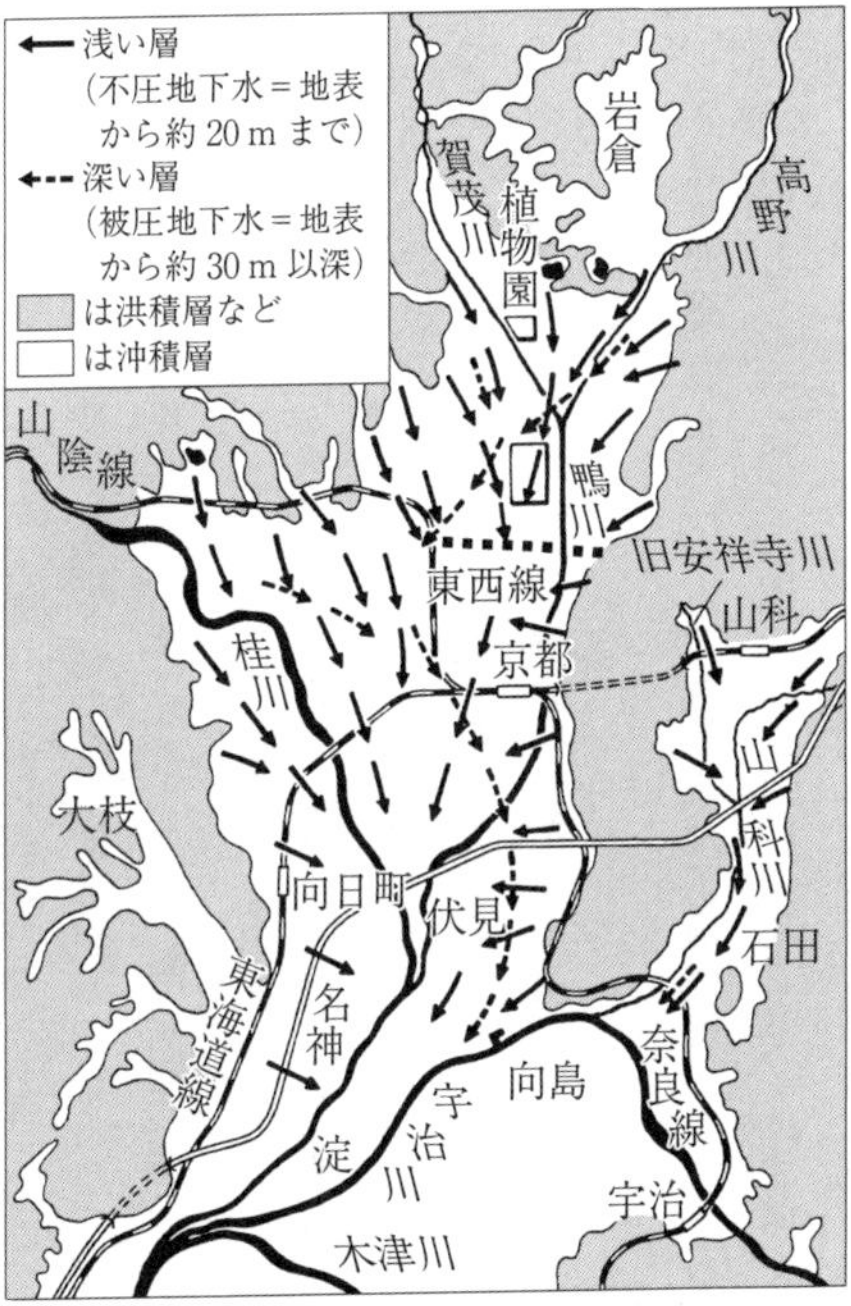

図4-7　京都市の地下水の流れ(京都新聞社『京都いのちの水』より)

地下水の流れは目に見えない。地下水脈といっても、井戸水位の広域的な調査をもとに導き出したものである。ある時期から広い範囲で同時に井戸涸れが生じ、一方で多くのビルの地下が水浸しになるようなことが起こると、地下の水の流れに何か異変が起こったと考えるのが自然である。

京都市の中心部において地下鉄東西線の工事が始まったのは一九九〇年である。そのころから周辺で井戸涸れやビル地下室の浸水被害がみられるようになり、九三年に入ると、二条駅―鴨川横断工区間の東西二・六キロメートル、南北約八〇〇メートルの範囲で特にその被害が目立つようになった。

御池《おいけ》通の南側でも井戸涸れが発生した。被害は七〇件近くに及んだ。市民の日常生活は上水道を利用しているため支障はないが、被害が深刻なのは、昔ながらの井戸水を使っている豆腐などの食品製造業である。生産活動を続けるため、新たに井戸を掘り直す業者も多く、京都市はその対応に追われた。また祇園祭の神事に使われる八坂神社の「御手洗井《みてあらいい》」もこの異変のなかで涸れてしまった。

地下鉄東西線の工事による連続的な地下構造物が、北から南へ流れる不圧地下水の流動を阻害した結果として、地下水流の堰き上げが起こり、上流側で地下水位上昇による建物地下の浸水、下流側で水位低下による井戸涸れという典型的な地下水流動阻害が生じたのである。東西線の二条駅―鴨川横断工区間の不圧地下水位は地表面から数メートルにあり、地下鉄は沖積礫層に連続した礫質の洪積層を東西に走っている。

現在では京都市の地下水脈も堰き上げがおさまり、安定を取り戻している。しかし地下水系は地下鉄によって水脈を変えられてしまったままである。

大深度地下開発

大都市の地下が混雑するにしたがい、深さ四〇メートルを超えるような「大深度地下」の利用が進められるようになった。二〇〇〇年五月一九日に「大深度地下の公共的使用に関する特別措置法」が成立し、大深度地下空間を有効に活用する事業も実施されている。東京では、特に一九九〇年代以降、大規模な地下のインフラ開発が進められてきた。地下鉄道や地下駅、超高層ビルの地下駐車場など深い地下構造物もつくられるようになった。

地下水流動阻害は基本的に不圧地下水の問題であるが、大深度の地下構造物では、さらに深い被圧帯水層に建設されるケースが出てきた。

ここで取り上げるのは、東京都において神田川の治水対策として建設された環状七号線地下調節池である。この地下調節池は、東京を代表する都市河川である神田川の治水事業として建設された、洪水調節のための池である。南北二・〇キロメートルにわたる第一期工事が一九八八年に着手され、九七年三月に完成した。さらに南北二・五キロメートルの第二期工事が、一九九五年に始まり、二〇〇八年三月に完成した。武蔵野西線の地下トンネルと同じように、東西方向の不圧地下水の流れと直交する南北方向に建設されている。

環七地下調節池は、地表面下四〇メートルの深さにあり、被圧帯水層である上総層群・東京層群の深度に設置されている。建設にあたってはシールド工法（開削せず掘進機内で工事を進める方法）を採用しているため、立て坑部を除き、地表から二〇メートル程度にある不圧地下水の流れを遮断していない。そのため、地下水流動阻害の問題は発生しないと予想された。

筆者は、環七地下調節池の計画当時から、地下水への影響に強い関心をもっていた。一つは、シールド工法で建設された調節池へ多量の地下水が流入する可能性である。これについては、すでに都内の地下深部を走る地下鉄工事で経験が積まれており、心配はないと思われた。もう一つは地下水流動阻害である。武蔵野台地の不圧地下水は西から東に向かって流れており、環七地下調節池はそれと直交する南北方向に建設される。調節池が不圧帯水層より下位にある被圧帯水層内を通るとはいえ、何らかの影響が生じる可能性は否定できなかった。理論的に明らかと思われても現実はわからないものである。しかし、当初の予想どおり、流動阻害の問題は起こらなかった。すでに第一期事業の建設着手から二〇年、第二期事業終了から四年を超えるが、いまだそのような問題は報告されていない。

東京では現在、大深度地下構造物の東京外郭《がいかく》環状道路が計画されている。東京都大田区から埼玉県を経て千葉県市川市に至る延長約八五キロメートルの環状道路である。特に、三鷹市と世田谷区を結ぶ南北方向の区間は大深度地下を活用した計画となり、地下水に及ぼす影響が議論にのぼった。地下トンネルは、躯体底部の深度が最大で七〇メートルに及ぶことが推測されている。

この大深度地下トンネルによって地下水流動阻害が生じるか。私たちはすでに環七地下調節池の事例を経験している。七〇メートルという深度は、シールド工法の施工において技術的に難度の高い工事を予想させるが、全体としてトンネル部は不圧地下水の流れの下位を走る。地下水流動阻害という観点からは問題が生じる可能性はきわめて少ないといえる。ただ、中央自動車道や関越自動車道など、地上道路への連結部では、不圧地下水の流れを阻害する可能性もあり、地下水位の継続的なモニタリングが必要である。

なお、千葉県の松戸市から市川市の区間では、半地下式掘割構造が計画されており、不圧地下水の流れを遮断する可能性が考えられる。工事にあたっては、地下構造物の通水性をできるだけ確保する地下水流動保全工法を適用し、流動阻害による被害を可能な限り少なくすることが求められる。

第五章　地下水とどう付き合うか

熊本市最大の健軍水源地の近くで自噴する地下水(横関一浩撮影)．©朝日新聞社

1　地下水は誰のものか

地下水開発によって地盤沈下などの地下水障害が生じているとき、それを効果的に抑制できない背景には、土地の所有者がその土地の地下水を自由に利用する権利をもつという地下水私水論がある。

私たちが河川の水を利用しようとするとき、河川法によって、国土交通大臣や都道府県知事の許可、すなわち水利権を得なければならない。河川水は公水だからである。一方、地下水には民法二〇七条「土地の所有権は、法令の制限内において、その土地の上下に及ぶ」がそのまま適用されるというのが地下水私水論である。

先送りされたミネラルウォーター税

近年、ミネラルウォーターの需要が増加するとともに、その採水地においては地下水の過剰採取が大きな社会問題となってきた。山梨県のミネラルウォーター生産量は日本においてトップであり、三〇を超える企業が生産に参入し、そのシェアは三三・九％(二〇一一年)に達する。

県土面積の七八％が森林である山梨県は、清浄で豊富な地下水資源を有しており、県民の生活用水も約七〇％が地下水によってまかなわれている。山梨県にとって、地下水資源は将来にわたって保全すべき県民の共有財産であり、地下水資源を保全するために、水源涵養機能をもつ森林の整備などに多額の財政負担を行っている。

二〇〇〇年七月、山梨県は地方税制研究会を設置し、ミネラルウォーター税導入の検討を開始した。ミネラルウォーター事業者は、水源地の土地を買い入れ、そこで採取した地下水そのものを販売して利益を得ており、受益者負担の原則から県が応分の負担を求めるのは適当である、との声を受けたものである。

二〇〇五年六月、学識経験者やミネラルウォーター業界関係者からなる検討会が設置され、森林整備と地下水の関係、特別の受益、課税の公平性の観点から詳細な検討が進められた。山梨県では工業用水が全地下水採取量の二五％を占めるが、最も多くを占めるのは電子製品・デバイス製造業など情報技術産業であり、それは地下水採取量全体の七％にあたる。一方、飲料製造業の採取量は約四％であり、情報技術産業の約半分である（二〇〇三年）。これらのことから、ミネラルウォーター業界の受益が他の業界の受益よりも特別大きいとは客観的にいえないことが指摘され、さらに想定されるミネラルウォーター税の納税者が特定かつ少数の者に限定されすぎている、という意見が多数を占めた。結局、長い議論の末、山梨県はこの税については先送りすることを余儀なくされた。

私水論のはじまり

地下水に関しては、旧河川法が制定された明治期において該当する成文法はなく、慣習法、条理を判断の指針としていた。それでは地下水をめぐる紛争はどのように扱われたのであろうか。地下水法の第一人者であり、海外も含めた地下水制度に造詣が深い三本木健治明海大学名誉教授は、今日まで続く地下水私水論の嚆矢《こうし》となった判決として、明治二九(一八九六)年三月二七日の大審院判決(『大審院民事判決録』二輯三巻一一一頁)を挙げている。

「地下ニ浸潤セル水ノ使用権ハ元来其土地所有権ニ附従シテ存スルモノナレバ其土地所有者ハ自己ノ所有権ノ行使上自由ニ其水ヲ使用スルヲ得ルハ蓋《けだ》シ当然ノ条理ナリトス」

ここでは土地所有者の自由な地下水利用権が明確に述べられており、以後、この判例は、大正期から戦前の昭和期まで影響を与えた。地下水の利用権を土地所有権と結びつける考え方は、地下水を土地に従属する物件とみなすことを意味する。しかし地下水は、地下の帯水層を通って流動する存在であり、土地に従属する物件とみなすことは不合理である。

ただ、明治時代の地下水の利用形態や、地下水を対象とする当時の学問の水準を考えると、地下水を土地の所有権に従属させるという判断は無理もないと思われる。地下水利用に揚水ポンプが本格的に導入されるのは、第三章で述べたように大正時代以降である。それまでは敷地内に設置された井戸から釣瓶などを使って人力で汲み上げられるのがふつうであり、民家や小さな工場の敷地に限定された、きわめて小規模の利用であった。地下水に関する知識も現代とはほど遠く、「ここは井戸の水の出が良い」といった程度の知識であったと思われる。このような状況においては、井戸という土地に付随した揚水施設を地下水と同一視し、地下水を物件として扱う考え方も不可能ではないといえよう。まさに当時においては、それが「条理」であったと考えることもできる。

合理的制約を認めた判決

戦後になると、ポンプ技術の向上などを背景に地下水が大量に汲み上げられるようになり、その影響も広範囲に及ぶようになった。工業用水の汲み上げについては第一章で述べたとおりであるが、一九五七年の水道法の施行により、水道事業者による地下水の大量揚水が全国的に広がっていった。三本木健治が戦後の注目すべき判決として挙げているのは、松山地裁宇和島支部の一九六六年六月二二日の判決（『下級裁判所民事裁判例集』一七巻五・六号四九〇頁）である。これは上水道用地下水の大量汲み上げが近隣の地下水の塩水化（海水の混入）を招いた事件に関するもので、戦前の地下水利用権の考え方とは明らかに異なるものであった。判決は以下のとおりである。

「一般に土地所有者はその所有地内に掘さくした井戸から地下水を採取しこれを利用する権限があるが、地下水は一定の土地に固定的に専属するものではなく地下水脈を通じて流動するものであり、その量も無限ではないから、このような性質上、水脈を同じくする地下水をそれぞれ自己の所有地より採取し利用する者は、いわばそれらの者の共同の資源たる地下水をそれぞれ独立に利用している関係にあるといえ、したがって、土地所有者に認められる地下水利用権限も右の関係に由来する合理的制約を受けるものといわねばならない。」

この判決では、地下水脈という言葉が使われているように、敷地を越えた地下水流動系の考え方が前提となっており、さらに地下水利用の合理的制約についても明確に述べている。また、地下水が「共同資源」であることも言明しており、民法二〇七条を根拠とする戦前の地下水利用の考え方から大きく前進しているといえる。

時代は地下水大量揚水の高度経済成長期にあり、地盤沈下が深刻さを増していたころでもある。まさにこのような判決を不可避にする状況にあった。

諸外国の地下水法

海外において地下水をめぐる法制度はどのようになっているのだろうか。諸外国の地下水法について、国土庁長官官房水資源部は一九九二年、『諸外国及び我が国における地下水法制度等調査』という報告書を出した。ヨーロッパを中心とした海外の一五か国の地下水法について詳細に記述し、日本との比較考察を行っている。この報告書をもとに、諸外国の地下水の法制度を概観してみよう。

まず、日本の考え方に比較的近いフランスの法制度から述べていこう。

フランスにおいては、一九世紀初めのナポレオン法典によって、土地所有権を基本とした物権法の体系が成立した。同法典第五五二条第一項には、「土地所有権には、地上および地下の所有権が含まれる。所有者は、地下に工作物を設置し、地下を掘さくし、又は地下の産出物を掘採して取得することができる」とされている。この規定は地下水にも当然適用され、土地所有者は自分の敷地内において井戸を掘削し地下水を得た場合、その地下水は自分の所有となる。つまり地下水は私水として位置づけられている。当初は、土地所有者が地下水を大量に汲み上げて近隣の地下水を涸渇させても、土地所有者にはその権利があると解釈されていた。

しかし、一八五六年のリヨン裁判所の泉源涸渇事件裁判では、土地所有者が湧水の利用によって近隣集落の地下水を涸渇させた事件について、その利用は許されないという判決がなされた。さらに一九三五年、パリ地方の三県に適用される「地下水保全に関するデクレ(政令)」では、一定深度以深の井戸の設置を許可制とし、土地所有者の地下水利用に制限が加えられた。

地下水私水論にたつ国としては、フランスのほかに、イギリス、オーストリア、ベルギー、デンマーク、スウェーデン、スイスなどがある。

地下水を公水とする国々

一方、地下水公水論の代表的な国としてイタリアがある。イタリアの水利用に関する法制度は、統一水法典、民法、ならびに州と県の特別法などからなる。一九三三年の統一水法典の第一条第一項において、「すべての湧水、流水および停滞水並びに人為的にこれらが地下から採取され、調整され、又は増強された水は、その水量もしくは水域の広さの観点から、又はそれが属する水文体系との関連を考慮して、一般公共のための利用に現に適し、又は適すべきものと認められるときは、これを公水とする」と定められている。このように公水と規定された水の使用権（日本でいう水利権）の取得方法が、水の存在形態や、使用方法、使用目的をもとに規定されている。ただし、民法典九〇九条において、自分の土地で園芸用や家畜用など小規模に地下水を利用することは私的な権限として認められている。

地下水公水論の立場にたつ国は、イタリアのほかに、ドイツ、スペイン、ポーランド、ルーマニア、イスラエル、トルコなどがある。

二〇世紀後半になると、国際機関において、水管理を水文的循環のなかで位置づける考え方が打ち出されてきた。ヨーロッパ水憲章（一九六七年）では、「水は国境を知らない。共通の資源として、水は国際的協力を要請する」という基本精神を明らかにし、さらに地下水も水文的循環の一環としてとらえる認識を明確に示した。このように地下水のとらえ方は、所有権・利用権の考え方から、水文的循環という新たな枠組みへと確実に移行している。

水循環基本法へ向けて

日本の行政において水循環という言葉が明らかなかたちで出されたのは、一九九九年の『健全な水循環系構築に向けて（中間とりまとめ）』である。水循環の関係省庁である、当時の環境庁、国土庁、厚生省、農林水産省、通商産業省、建設省が縦割り行政の壁を取り払い、水循環という環でつながった。水をめぐる多種多様な問題——通常時の河川流量の減少、水害や渇水、水質汚濁の進行と新たな水質問題の発生、地下水位低下・湧水涸渇や地盤沈下、生態系への悪影響といったさまざまな問題が、河川や地下水の個別の問題ではなく、水循環系の健全化の問題としてとらえられたのである。これを機に地表水と地下水を一体としてあつかう水法制度の確立が期待されたが、その後、目立った動きもなく推移した。

水法制度改革の必要性は識者・関係者の間でも強く認識され、二〇〇七年に「水制度改革推進市民フォーラム」が発足、二〇〇八年には発起人九一名による「水制度改革国民会議」が設立され、現在の日本には水を総合的に管理する基本法も行政組織もないことや、現行の水制度を新しい時代に適応できるように進化させることの必要性を訴えた。この動きをうけて、水制度改革に取り組もうとする超党派国会議員が「国民会議」に合流し、「水循環基本法研究会」が設立された。同研究会は二〇〇九年、水循環政策大綱案、水循環基本法要綱案を発表した。

水循環基本法要綱案の内容は多岐にわたるが、まず、地表水と地下水は、ともに一体となって水文的循環を形成する公共水であり、流域別水循環計画に基づき統合的に管理されなければならない、としている。特に、地下水について、「公共資源たる地下水の利用は、同一地下水盆における健全で持続可能な水循環に支障を及ぼすことがないよう適正に行われなくてはならない」とし、地盤沈下のみならず、第二章で述べた水循環不全をも視野に入れた適正な地下水利用を明言している。また、地下水の保全と利用の適正化を図るために、地下水情報の共有化、地下水取水施設の登録制及び取水報告義務制度やモニタリング体制など、公共水である地下水を管理するための仕組みについても言及している。

この要綱案は法案として整理され、現在、関係省庁のヒアリングが進められている。

「公共の水」

水循環基本法要綱案において、地表水と地下水を「公共水」として一体管理することを明言したことは評価されるべきであろう。公共水という言葉は、地下水公水論の立場にたつと、表現がやや緩いように思われるかもしれない。しかし、「公水」ではなく「公共水」という点に、筆者は積極的な意味を見出したい。

一つには、公水を管理するインフラの問題がある。河川水は公水である。そのため日本全国の河川を管理するための雨量や水位観測の施設、河川計画・管理のための詳細なソフトの体系など、国土交通省の綿密な管理体制が築かれている。公水を管理するとはこういうことである。地下水を公水としたとき、このような管理体制が全国規模で可能であろうか。

もう一つは、地下水が河川よりもさらに地域性・多様性の強い陸水であることである。地下水が豊富で自噴する扇状地のような地域と、地下水揚水がすぐに地盤沈下と結びつく沖積低地のような地域では、地下水の自然条件が違う。また自治体が地下水保全の施策を行う場合も、条例や要綱、井戸の登録や地下水利用の料金制、企業への協力金の要請など、地域の社会的条件を踏まえたさまざまな方法によって、公共水である地下水を管理することが考えられる。つまり、地下水を厳格に「公水」と規定してしまうと、地域に応じた地下水管理の柔軟性と自由度がなくなってしまう。「公共水」は、「公水」という基本理念を保持しながら、地域の自治体で適切に対応できる自由度を残したものといえよう。筆者は、同じ意味ではあるが、「公共の水」というやわらかな表現を使いたいと思う。

2 「公共の水」としての地下水

多くの自治体では、地盤沈下などの地下水障害を防止するためにさまざまな条例がつくられている。また、地域の貴重な資源である湧水の保全・再生の運動も広がりをみせている。湧水保全運動は、今後の住民と地下水とのかかわりを考えるうえで示唆に富むものである。

湧水保全の住民運動

　湧水は地域の住民の生活や文化とともに存在し、さらに生物の棲息や生育とも深いかかわりがある。そのような湧水を保全するために、情報の共有、環境学習の実施、さらには条例や要綱の制定など、住民が主体的・持続的に運動に取り組んでいるところが多い。

　湧水保全の運動は、北は北海道虻田《あぶた》郡京極町の「羊蹄《ようてい》のふきだし湧水」（昭和の名水百選）、南は沖縄県中頭郡北中城村の「荻道大城《おぎどうおおぐすく》湧水群」（平成の名水百選）の保全運動など、さまざまな地域で行われている。すでに述べたように、環境省が選定した「平成の名水百選」は、地域住民による主体的・持続的な保全活動がなされていることを重要な条件としている。

　湧水保全運動の取り組みとしては、湧水の水量・水質のモニタリング、パンフレットや湧水マップの作成、世代を超えた環境学習、寄附金・協力金による基金の積み立て、住民と産・官・学の連携など多様である。さらに秋田県美郷町水環境保全条例、ふるさと宮城の水環境循環条例、神奈川県秦野市地下水保全条例など、三〇を超える自治体で地下水・湧水保全のための条例・要綱を制定している。東京都でも、板橋区、小金井市、日野市、東久留米市、あきる野市などが同様の条例によって湧水の保全を進めている。

図5-1　東京の野川と国分寺崖線の湧水群（東京都環境局による）

特に、秋田県美郷町や神奈川県秦野市の条例では、地下水は市民共有の資源であると明確に位置づけている。

このような湧水保全の運動のなかから、東京の国分寺崖線と熊本市の事例を紹介する。

野川流域の湧水文化

野川は東京の国分寺崖線の湧水を受け、国分寺市、小金井市、三鷹市、調布市などを貫流して多摩川に合流する流域面積約七〇平方キロメートルの河川である（図5-1）。国分寺崖線に沿って、平代坂《へいだいざか》遺跡や野川遺跡などの先土器時代の遺跡、さらに数多くの縄文遺跡が発掘されている。源流部には、平安時代の伝説にもとづく「真姿《ますがた》の池」がある。湧水とともに歴史を歩んだ野川流域は豊かな自然環境に恵まれている。

この国分寺崖線を「はけ」の名で有名にしたのが、大岡昇平の小説『武蔵野夫人』である。第一章にあるきめ細かい見事な描写は、戦後間もないころの国分寺崖線の姿を正確に語っている。「水は窪地の奥が次第に高まり、低い崖となって尽きるところから湧いている。武蔵野の表面を蔽う壚坶《ローム》、つまり赤土の層に接した砂礫層が露出し、きれいな地下水が這い出るように湧き、すぐせせらぎを立てる流れとなって落ちて行く。」いまにも涼しい湧き水の音が聞こえてきそうである。

国分寺崖線の湧水は、当時の人々の日々の生活のなかに入り込んでいた。湧水は、住居の中に導かれ飲用水とされ、さらに食器洗い、野菜洗い、洗濯などにも利用され、水を無駄に使わないよう、また汚さぬよう、互いに気を遣いながら湧水の文化をはぐくんでいた。この豊かな湧水を受けて、田んぼや畑の間をのどかに流れる野川の田園風景は、しかし、高度経済成長期に入ると少しずつ変化を見せはじめる。一九七〇年代になると、押し寄せる宅地開発の波を受け、かよわい湧水群が少なからず消滅し、下水道の普及による下水管網の敷設は、野川流域の水系を大きく変えてしまった。水質悪化と自流量の減少で、まさに「どぶ川」の様相を呈しはじめた野川を前に、一九七二年、流域の住民による水系運動、「水辺の空間を市民の手に」がスタートした。

水循環の保全

野川流域の水系運動は、今日まで続く水循環保全運動の先駆的な役割をはたすものである。その運動の方向性が地域を超えた普遍性をもっているからである。すなわち、水循環の場である、涵養域・流動域・流出域(図2-3)という三つの場に対応して保全活動が進められてきたのである。

野川の源流部に東京都立殿ヶ谷戸《とのがやと》庭園がある。もとあった別荘を三菱財閥の岩崎家が一九二九年に買い取って、湧水を生かして整備したものであった。一九六二年には私有地のまま都市計画公園の指定を受けた。しかし、一九七二年にその指定が解除され、国分寺駅周辺の再開発プロジェクトのなかで商業地区に含まれることになった。この動きに対して、庭園を都立公園として都に買い取ってもらおうと数名の主婦が署名活動を始めたことから運動が起こり、国分寺市民や自然保護団体などの支援を受けて広がった。東京都は一九七四年八月、ついに三六億五〇〇〇万円で全域を買い取った。

もし、商業地区としてデベロッパーの開発にさらされたならば、おそらく湧水地は無残にも荒らされたままで、湧き水は下水道へと垂れ流しになったことであろう。殿ヶ谷戸庭園を公園として残すことによって、この崖線の湧水の流出域を保全することができたのである。

野川沿いの小金井市の滄浪泉園《そうろうせんえん》も湧水を利用した庭園である。一九七六年にマンション開発による破壊の危機に瀕したが、住民の根強い運動の結果、翌年、東京都が買い取って一応の結末をみた。湧水保全の鍵の一つは、湧水がそこに存在するということを地域住民が認知しやすいようにすることである。

野川流域の水環境を守る住民の運動は、湧水保全活動を行う「水みち研究会」へとつながり、一九八八年から、武蔵野台地の不圧地下水が崖へ湧出する水みち、民家の井戸のまわりに存在する水みちなど、目に見えない地下水の流れをたどる聞き取り調査を積み重ねていった。住民の地道な努力は「水みちマップ」として結実し、この地域の水みちを含めた地下水の流動域の情報を、住民の間で共有することができた。

その後の二〇〇三年、国分寺崖線上にマンション建設が進められようとしたとき、その建設予定地が水みちの真上にあたることから、「水みち研究会」は湧水保全の立場から警鐘を鳴らした。それは二〇〇四年制定の国分寺市まちづくり条例へとつながり、国分寺崖線周辺の保全区域における所定の開発行為に対して、事前に調査、観測、影響評価と対策を義務づけることとなった。

小金井市の雨水浸透事業

国分寺崖線の湧水量を増加させるためには、その涵養域にあたる小金井市の台地部において雨水浸透を促進することが効果的である。

小金井市では一九六九年から下水道整備事業に着手した。しかし、それまで庭などに流出していた雨水を下水道が取り込んだため、多量の雨水が下水処理場に流れ込んで処理場の負担を増大させ、また河川へ短時間で流れ込んで浸水氾濫を多発させるようになった。第二章で述べたように、庭などの浸透域へ流れていた屋根の雨水が、下水道の普及によって下水処理場や河川に直接流出するようになり、地下水への涵養量が減少した。屋根は水循環において浸透域から不浸透域に変化したのである。

そこで小金井市では、一九八一年に雨水浸透事業に着手した。すなわち、浸透施設を設置することで実質浸透域の増加をめざしたのである。しかし普及が思うように進まず、さらに当時指導していた雨水浸透ますに目詰まりの問題も発生した。それでも小金井市は、下水道工事店の協力も得ながら、市をあげて雨水浸透施設の普及を進めていった。二〇一〇年三月末現在で、浸透ます五万八六六五個を設置している。雨水浸透施設の設置軒数は一万二九七七軒、小金井市の全軒数の実に五三・四％という驚くべき普及率に達している。

雨水浸透施設の効果は、年間浸透量が一〇八・八ミリメートル、一日あたりに直すと〇・三〇ミリメートルと試算された。将来的に普及率が一〇〇％に達すれば、涵養量は一日あたり〇・五六ミリメートルとなり、自然涵養量の指標「一日あたり一ミリメートル」と比較してもかなりの効果が期待できる。

ただ、小金井市における深井戸による被圧地下水の揚水量は、まだ一日に二ミリメートルを超えている。国分寺崖線の湧水と野川の流量回復のためには、雨水浸透をさらに進めると同時に、地下水の揚水量削減が必要である。

「ざる田」が養う熊本市の地下水

熊本市は水道水源の一〇〇％を地下水に依存する。面積約三九〇平方キロメートル、人口およそ七三万人という規模を考えるとき、その生活用水の水源のほとんどを地下水に依存していることはまさに奇跡といえよう。

熊本市内を流れる一級河川白川は、阿蘇山に水源をもち、第四紀火山岩地帯特有の安定的な

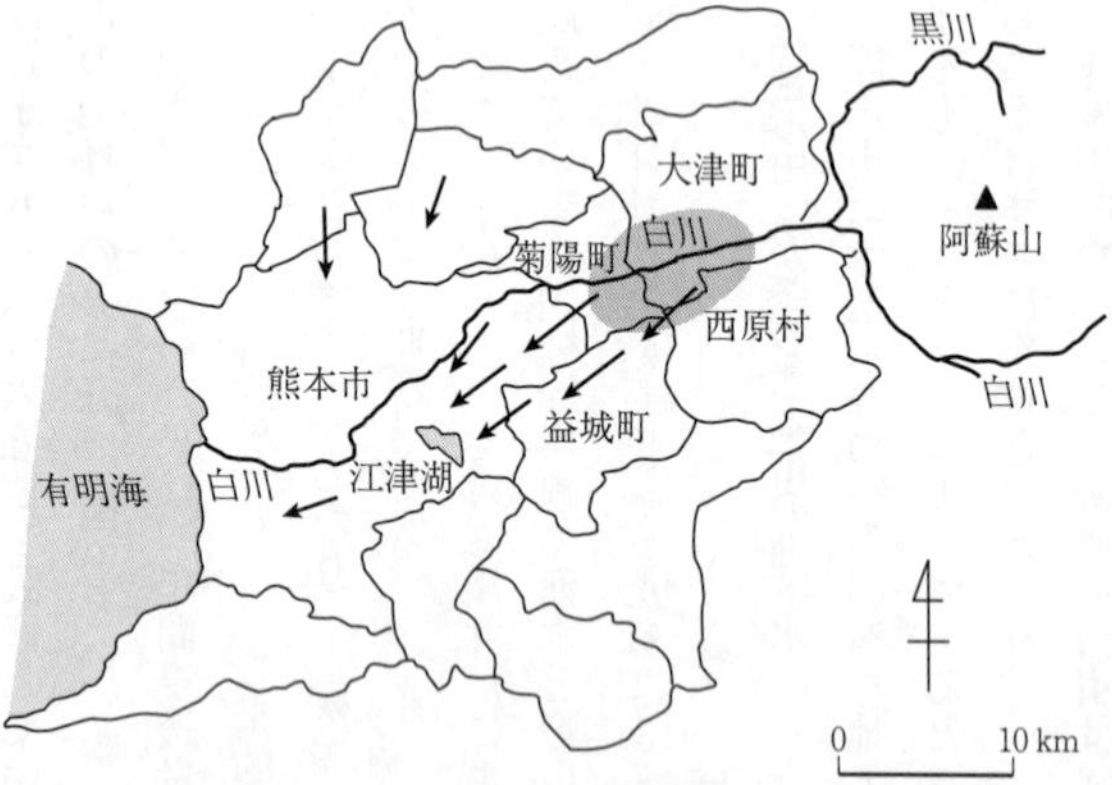

図5-2　阿蘇山から熊本市に至る地下水系

流量（地下水流出量）を維持している。阿蘇山からの火砕流堆積物が主要な地下水帯水層を形成している。白川中流域の火砕流台地は、この広域的な地下水流動系において涵養域として機能している。阿蘇山麓に降った雨や雪が地中に浸透し、地形に沿って南西方向に流れ、熊本市南部に流出する。そこには有名な水前寺《すいぜんじ》や江津《えづ》湖など、「平成の名水百選」に選ばれた豊かな湧水群が分布している（本章扉写真）。この阿蘇山から熊本市に至る地下水の流れは、北東から南西数十キロメートルに及ぶ（図5-2）。

しかし、一九七〇年代まで豊かであった湧水はその後徐々に減少し、一九八〇年代末には江津湖の湧出量も減少してしまった。子供のころ水前寺や江津湖を日常の遊び場として過ごしていた筆者にとって、久しぶりに訪れた水前寺は、昔日の面影もなく変わりはて、愕然とした記憶がある。見るからに湧水の力がなくなり、水質も濁りがめだって明らかに悪化していた。

長期的な湧水量の減少傾向の主因は、涵養域にあたる白川中流域の水田面積の減少であった。水がきわめて浸透しやすい、「ざる田」と呼ばれる水田が、減反政策によって休耕田に替わり、放置された。田んぼに張った水の深さが、稲や水面からの蒸発散と水田土壌中への浸透とによって減少する量を減水深というが、白川中流域の水田の減水深は一日あたり一〇〇ミリメートルに達する。一日あたり一ミリメートルという自然涵養量の指標と比べれば、「ざる田」の意味が納得できよう。涵養域全体は白川中流域の水田よりもっと広いと思われるが、「ざる田」の地下水涵養効果はきわめて大きい。田面に水を張ることで維持されていた地下水涵養量は激減した。

国の減反政策によって水田が放置されたことが、地下水流動系に大きな影響を与えたのである。

市民共通の財産

熊本市は、市民の財産である地下水を保全するため、地下水の人工涵養事業を二〇〇四年から開始した。熊本市をはじめとする地下水の大口利用者から集めた基金をもとに、白川中流域の休耕田を一定期間借り上げ、そこに水を張ってもらう事業である。水田には水利権があるので、その水利権を利用して水を引き、湛水するのである。

熊本市が地下水を持続的に利用するためには、熊本市の外側の行政区域になんらかの働きかけを行う必要があった。二〇〇四年一月二一日、熊本市は近隣の大津町、菊陽町や地元農家などからなる水循環型営農推進協議会と協定を締結し、行政区界を超えた地下水管理の連携システムを構築し、その運用を始めた。

従来の「私水と公水の対立」を超えた、あらたな地下水の持続的利用システムが確立されつつある。

熊本市は一九七七年に地下水保全条例を制定し、地下水の保全のためにさまざまな施策を市民とともに実施してきた。二〇〇七年に改定され、二〇〇八年七月から施行された条例の第二条二では、「地下水は、生活用水、農業用水、工業用水等として社会経済活動を支えている貴重な資源であることにかんがみ、公水(市民共通の財産としての地下水をいう。)との認識の下に、その保全が図られなければならない」とし、全国ではじめて「地下水公水」を宣言した。その延長上において、市は、地下水の大口利用者に対する水量許可制についても検討を始めている。

持続可能な地下水利用はいかにして可能か。熊本市のこの取り組みは今後の日本の地下水管理のあり方に貴重な示唆を与えるものといえよう。

湧水保全の意義

都市において自然の湧き水は貴重な存在である。しかし、湧き水などたいした問題ではない、自然の水がなければ下水処理水を流せばいい、という考え方もある。

類似の問題として、ダム建設と生態系について議論したことがある。あるダム建設予定地の上流に、オオタカの一家が住んでいた。ダム建設に先立って、詳細な生態調査を実施しなければならない。しかし、オオタカ一家族のために、お金と手間のかかる生態調査をする必要はあるのか、オオタカを別の場所に移せばいいじゃないか、と疑問を呈する人もいる。

そのような議論をしているとき、ある生態学の専門家が発言した。オオタカの一家だけがそこに住んでいるわけではない。オオタカがそこに住めるということは、生態系ピラミッドのトップに位置するオオタカを支える、地域全体の生態系が健全だということである。つまり、全体の生態系が健全であるからはじめてオオタカの家族が住めるわけであって、オオタカだけの問題ではない、という内容であった。

そのときの会話が筆者の頭の中に強く残っている。この話には、湧水の意味についてきわめて重要な示唆が含まれている。湧水の存在は、このオオタカに相当する。つまり、湧水があるということは、その地域の水循環系が健全である証拠なのである。水循環系が健全であるから湧水が存在するのである。

湧水がないなら代替水を探せばよいと考え、湧水の涸れた公園で人工的に水を流しているところもある。本書で何度も取り上げた井の頭池も残念ながらその一つである。

しかし、環境の豊かさを考えるならば、湧水を保全するために水循環系を健全に保つこと、特に、目に見えない地下水から強くしていくことが鉄則である。

3　地下水の将来

最後に、地下水利用の将来の課題についてまとめておきたい。

水資源としての地下水の今後

地下水を水資源として大量に揚水すると、地盤沈下や湧水涸渇などさまざまな環境問題が生じる。地下水そのものも汚染が進んでいる。ならば地下水利用をやめて水源をすべて表流水に転換すべきだという意見がある。

地下水揚水による地盤沈下が戦後のダム開発を促してきたと語られることも多い。つまり、地盤沈下防止のための代替水源として河川水が求められたのである。

しかし、現在の日本において、ダム開発は困難であり、代替水源への転換は容易ではない。やはり、地下水を適正に管理しながら持続的に利用できる道をとるべきであろう。

ただ、大量の水を供給する水資源インフラを考えるとき、原則として、循環性の強いものを優先すべきである。その意味で、河川水が最も優先度が高く、地下水、特に深層の被圧地下水は、大量に揚水できても主要な水源としての利用には適さない。循環性が弱いからである。地下水でも熊本市のケースのように、火山岩地帯特有の広域地下水循環系が形成されている場合は例外である。基本的に、地下水は脇役として、地表水の利用を補完、あるいは支える役割に徹すべきであろう。

日本の水利用の歴史は、農業水利を主体とする河川水開発の歴史であり、地下水は常にそれを補うかたちで利用されてきた。第三章で触れたように、江戸の都市用水においても、玉川上水・神田上水という主役を地下水が補うパターンであったことを思い起こしていただきたい。

河川の流量は気象の変動に左右されやすい。台風や集中豪雨などの季節的な変動だけではなく、年によっても渇水の年と豊水の年がある。ダム管理の状況を見ていると、河川水の管理の難しさがわかる。一方、地下水、特に被圧地下水は降水の年間変動、季節変動を吸収しながら、地下のダムとして安定的に利用できる利点があり、地下深層の貯水池として機能することができる。常に地下水位をモニタリングし、水質管理を定期的に実施していれば、地下水は、表流水が渇水期にあたるとき、予備の水源として有効に機能する。また非常時、たとえば地震などの緊急時の水源としても積極的に活用することができる。

水循環の健全化

水循環の健全化という言葉が関係者の間でよく使われるようになった。水循環における地下水のあり方を考えるとき、その健全化へのプロセスとして、三つの段階がある。

まず、地盤沈下や水循環不全を防止し、正常化する段階である。すでに本書で述べてきたように、そのためには揚水量を削減し、地下水位を上昇させることが唯一の方法である。地盤沈下の場合、地下水位が上昇しても沈んだ地表面が元に戻ることはない。しかし、地表面の低下を止めることはできる。第二章で述べた水循環不全については、被圧帯水層が不圧化している場合、水位を回復させて、文字どおり被圧地下水に戻すことが肝要である。揚水量を減らし、被圧地下水位を上げることで、水循環の基盤としての被圧地下水を強くすることができる。こうして自然の不圧地下水―被圧地下水というシステムへと正常化させるのである。

つぎに来るのは、水循環を改善する段階である。都市化による不浸透域の増加は洪水の増大や地下水の涸渇をもたらす。このような都市での水循環の悪化を改善するには、前節の小金井市の例で見たように、雨水浸透施設による実質浸透域の増加が重要な施策となる。

被圧地下水は水循環の礎《いしずえ》であり、不圧地下水は水循環の要である。不圧地下水が適正な水位を維持するとき、河川の流量や湧水の湧出量も安定を取り戻すことができる。地下水の水質にも気を配りながら、地下水流動系の涵養域を強化し、地下水流動阻害を防止し、流出域における湧水量の増加に努めることが水循環の保全につながるのである。

文化としての水循環

水循環健全化の最後の段階である。

環境省が二〇〇八年に選定した「平成の名水百選」では、湧水・地下水・河川で、水量・水質だけでなく、周囲の生態系や保全のための配慮、さらには水利用の状況や地域による主体的で持続的な保全活動が重視されている。ここで水循環は、自然現象としての水循環を超え、地域住民との関係で語られている。水循環の健全化が、環境の領域から文化の領域に入ったといえる。水循環という現象が改善されることはもちろんであるが、そこでは人間と水循環の関係が問われているのである。ここで一つの事例を紹介したい。

佐賀県白石町に「縫ノ池《ぬいのいけ》」という湧水池があった。八〇〇年の歴史を有するといわれ、湧水を地域の灌漑用水、生活用水として利用する一方、地域住民の憩いと交流の場としても活用されていた。ところが戦後、白石平野の農業用水や飲用水として地下水が大量に汲み上げられるようになったため、一九五〇年代に湧水が完全に涸渇してしまった。

二〇〇一年、佐賀導水事業により、上水道が地下水利用から表流水利用に切り替えられた。それによって地下水位は上昇し、湧水は劇的に復活した。地元の川津地区では、「縫ノ池」が今後涸れることがないよう「縫ノ池湧水会」を発足させ、地域住民との協働による保全活動を続けている。「縫ノ池」周辺の清掃活動、地元の子供たちを対象にした「釣り大会」や「魚の観察会」、水生生物の見学会も好評である。

地下水の過剰な汲み上げによる水循環不全は、表流水への水源切り替えにより解消され、復活した湧水は、地域の誇るべき財産として守られることになったのである。

地下水位という管理指標

かつて「安全揚水量」について熱心に議論された時期があった。そこでは、「安全」に関して、自然科学的な検討のみならず、社会的な価値判断も考慮されなければならないということが強調された。しかし、振り返ってみると、安全揚水量とは、水資源開発の立場にたつ概念である。地下水の開発者、地下水を揚水する者にとっては、地下水揚水による「望ましくない結果」は考慮するものの、どれだけ汲み上げることができるかに関心がある。「安全揚水量」という概念は、地下水開発が盛んであった時代を歴史的背景として背負っているのである。

ただ、これまで述べてきたように、地下水揚水による環境問題は、直接的には、揚水量ではなく地下水位の低下（あるいは上昇）によって生じるのである。守るべきは安全揚水量ではなく、むしろ安全な地下水位、さらにいえば、適正な地下水位である。揚水量を正確に把握するのは難しいが、地下水位は、公共用地に観測井戸を設置すれば容易に測定することができる。

地下水位は地下水域（あるいは地下水盆）というシステムの状態を示す指標である。地下水位がどのレベルにあるか。上昇傾向にあるか低下傾向にあるか、あるいは変動しているか。これによって地下水システムの状態を知ることができる。地下水位は人間の健康状態を示す体温に相当する。この地下水位をどのようにして適正なレベルに維持していくかが地下水管理の課題となる。ここで地下水管理の先進的な事例を紹介する。

埼玉県は、一九七〇年代から一時全国でワーストワンといわれた地盤沈下に悩まされてきた。その後、計画的に地下水揚水量の削減を進めてきた結果、地盤沈下はほぼ沈静化した。上水道用地下水の代替水源として河川水への転換も図っている。しかし埼玉県の水利権は暫定水利権であり、渇水の年には河川水が利用できないため、上水道用の地下水揚水量の増加を余儀なくされる。

この状況に対処するため、埼玉県では、テレメータによってオンラインで水位情報を伝達するシステムを開発した。地下水を管理する地域において、ブロックごとに観測井戸を設置し、地下水位を遠隔地から定常的にモニタリングし、あらかじめ設定された管理地下水位を下回らないように監視している。異常な地下水位低下が予想されるときは注意報や警報として地下水利用者に伝えている。このテレメータによるモニタリングシステムは地下水管理技術として先進的なものであり、地下水位を効率的に管理(マネジメント)するシステムといえる。

地下水水質のリスク管理

地下水の水質汚染には、まず土壌から不圧地下水、被圧地下水へという自然の経路がある。多くの地下水汚染では、地表付近の汚染源から降雨・浸透によって汚染物質が地下水に達し、さらに地下水中を拡散・流動して拡がるという経過をたどる。一方、第四章で紹介した三鷹市の上水道水源井の事例にあるように、井戸の構造上の欠陥から、汚染水が地下水に浸入・拡散する経路もある。耐用年数を超えた井戸が老朽化して廃棄されるとき、不適切な遮水のために、それらの井戸があらたな水質汚染源になる。廃棄された深井戸の処置が、地下水水質のリスク管理として重要であることをここであらためて強調したい。

現在、硝酸性窒素の地下水汚染が深刻化している(第四章1節)。生活排水や農地への施肥が汚染源といわれている。特に不圧地下水は降雨・浸透による汚染物質の影響を受けやすく、飲用など安全な水質が求められるとき不適となることが多い。

地下水は一度汚染されると回復が困難である。地下水汚染のリスク管理としては、何よりも汚染源の適切な隔離と除去が最優先されなければならない。

地下水と地域コミュニティ

東京の山の手では、戦後の一九六〇年代くらいまでは民家に浅井戸があった。なかには手押しポンプで汲み上げる井戸も残っていた。しかし、上水道の普及によって、かつて生活を支えた無数の民家の浅井戸は放棄されていった。浅井戸の文化がインフラの整備によって消滅してしまったことは残念である。地域コミュニティの水資源として、井戸水を再生させることはできないだろうか。

東日本大震災の後、自治体や民間で地震防災に対する熱心な取り組みがなされるようになった。そのなかで、震災直後の消火用水、飲用水、生活用水をどう確保するかは重要な課題の一つとなっている。阪神・淡路大震災では、湧水や井戸水が生活用水に利用された。また、新潟県の中越沖地震では、水道の断水が約三週間続くなか、第一章で述べた消雪用の地下水が生活用水に転用されることで水不足が軽減されたという報告もある。

阪神・淡路大震災の後、多くの自治体で既存の井戸を防災用の井戸として登録し始めている。札幌市、横浜市、名古屋市、京都市、神戸市では登録井戸がすでに数百か所に達しているという。京都市では、「災害時協力井戸」として登録するよう民間と公共に呼びかけ、すでに五〇〇本を超える井戸の登録を終えている。東京都においても、世田谷、練馬、中野、杉並、新宿、板橋、品川などの区部では、既存の井戸に対して、災害時に住民が利用できる指定井戸として区が修復費を負担する制度を始めている。

新設するとしても、せいぜい三〇メートル程度の深さの浅井戸は、深井戸にくらべて建設コストは安く上がり、揚水量も一日あたり数十～数百立方メートル程度は確保することができる。井戸水は、消火用水、トイレ用水、洗濯・入浴用水としての利用が想定される。ただ、浅井戸は維持管理として定期的に汲み上げ、水質をチェックすることが欠かせない。防災井戸も地域住民が日常的に使用してはじめて効果を発揮するのである。

共有資源としての地下水

第1節で述べたように、地下水は「公共の水」としての性格を強めている。この「公共の水」という考え方は、「共有の資源」という理念につながる。

共有資源の保全管理はどのようにあるべきか。アメリカ・インディアナ大学のエリノア・オストロム教授は、共有資源のガバナンスに関する業績で、二〇〇九年度ノーベル経済学賞を受賞した。共有資源とは、河川水、地下水などの水資源、森林、魚、牧草など個人や組織が共同で使用し管理する資源のことで、コモンズと呼ばれている。彼女の主著 *Governing the Commons* は、まさにコモンズの管理の仕方をテーマにしている。

オストロム教授は、共有資源の管理のための有効な方法は、「国家による解決」でも「市場による解決」でもなく、セルフ・ガバナンスという第三の道であるとした。すなわち、共有資源に利害関係をもつ者(ステークホルダー)が自主的に適切なルールを取り決めて保全管理する方法である。地下水の管理に置き換えれば、「国家による解決」は地下水公水論、「市場による解決」は地下水私水論に対応させることも可能であろう。興味深いことに、オストロム教授は学位論文でロサンゼルス市の地下水汲み上げによる塩水化の問題を扱っており、その後も地下水の問題とかかわっている。

地下水の管理はいかにあるべきか。まずは地下水にかかわる人々の間で、地下水環境に関する科学的な認識を共有することが前提となるであろう。地下水の帯水層の構造や地下水流動系の特性、地下水位のモニタリングや地下水水質、地下水利用状況などの情報である。地下水域が行政区界を超えた広がりをもつときは、自治体をまたいで情報の共有と協働が要求される。

地下水は共有資源である。この共有資源のステークホルダー、すなわち行政、民間企業、地域住民、さらに学識者や市民が、協働作業によって、あるべき地下水流動系について合意形成を進める。そこから地域で守るべき適正地下水位を設定し、地下水の揚水規制、地下水の涵養事業など水循環保全に主体的に取り組み、同時に、地下水に関する条例や制度、地域で守るルールなども自主的に決めていく。こうして自分たちの地下水域にふさわしいセルフ・ガバナンスが実現するのである。持続可能な地下水管理は、この共有資源のセルフ・ガバナンスによってのみ可能であり、その結果として、豊かできれいな地下水を将来の世代に残すことができるのである。

あとがき

昭和五三年、隅田川に面した小さな研究所で地盤沈下の仕事を始めたのが筆者と地下水の最初のかかわりである。当時、東京ではすでに地盤沈下は沈静化に向かっていたが、全国的にはまだ大きな環境問題であった。地盤沈下に取り組む研究者や行政関係者の熱気をまだ感じることのできる時代だった。

その後、筆者は、都市河川の洪水流出や都市の水循環の問題など、都市水文の研究に従事していったが、地下水が水循環においてどういう位置づけになるのか、深層の被圧地下水の過剰揚水は水循環にどのような影響を及ぼすのかなど、降水―河川水―地下水を一体とした水循環の枠組みで地下水を考える視点を持ち続けてきた。

江戸の名水である井の頭池は、都市水文学を専攻する筆者にとって軽視できない対象であった。湧水が涸れて半世紀近くにもなるのに、井の頭池の湧水涸渇の原因が徹底的に究明されず、「都市化によって湧水は涸渇した」など、安易な考えで雨水浸透事業が進められていることに違和感をもった。一九八〇年代、井の頭池の湧水涸渇の原因は地下水の過剰な汲み上げであるとする論文を書き、さらに武蔵野台地の被圧帯水層が不圧化（空洞化）していることを明らかにした。本書において、この現象を水循環不全という言葉に集約した。

一九八〇年代、九〇年代と地盤沈下が沈静化するにつれ、地下水行政も層の厚みを失っていき、地下水に精通した行政関係者も引退していった。最近では、戦後の地下水開発に関する貴重な資料が倉庫入りして、役所の人々にもわからなくなってきている。戦後の地下水開発と環境問題の歴史を整理する必要があると感じた。二〇〇〇年代に入り、湧水保全・水循環保全の地域運動が盛り上がっていくなかで、地下水、特に被圧地下水が水循環の基盤であることを強調しなければならないと強く感じた。

地下水に関するさまざまな思いが交錯するなかで、本書の執筆に取りかかった。

地下水の広域的な流動は、地形・地質という自然条件、そして地下水開発と揚水規制などの社会経済条件によって決まる。本書では、地下水の流れについて、不圧地下水―被圧地下水というオーソドックスなモデルを採用し、地下水汲み上げと揚水規制、土地利用と雨水浸透事業など、地下水への人為的な働きかけを重ね合わせて解説した。

現在、地下水の公水化が議論されている。水循環基本法案の行方が気になる。本書を執筆中に、超党派の議員立法で水循環基本法案が国会に提出される予定である、というところまでは確認した。しかし国会は消費税増税法案に関する混迷で、法案の帰趨が読めない。無事に国会を通過することを祈るのみである。

東京都土木技術研究所(現・東京都土木技術支援・人材育成センター)の地盤沈下研究室に在籍した六年間、当時の遠藤毅主任研究員から東京の第四紀地質について直接学ぶことができ、また小笠原弘信、川島眞一、川合将文の先輩諸氏には地質や地盤沈下、地下水に関して親切に指導していただいた。この場を借りて、心より感謝したい。

東京都の研究所に勤める前、東京大学工学部土木工学科で高橋裕教授の指導する河川研究室に三年間在籍した。高橋先生は、河川を自然科学の対象としてのみ見るのではなく、社会科学的な観点からもアプローチすることを強調された。河川研究室で学んだことは、河川を自然史と社会史の両面から理解することの重要性であった。その意味で、本書は、地下水を自然史と社会史の両面からとらえることを試みたつもりである。

本書を執筆するにあたり、多くの方々にお世話になった。特に、東京都土木技術支援・人材育成センターの川島眞一氏、國分邦紀氏、元清水建設技術研究所リサーチ・フェローの三宅紀治氏、清水建設の高坂信章氏、東京大学地震研究所の平田安廣氏、元三鷹市水道部長古賀輝彦氏、明治大学法学部の柳憲一郎教授には、本書について貴重な情報やコメントをいただいた。心より謝意を表したい。

最後に、岩波書店新書編集部の千葉克彦氏に感謝したい。筆者の原稿をつねに読者の立場にたって丁寧に読み込んで評価し、本書の方向性を示していただいた。大学の仕事に忙殺されて執筆が遅れそうになるなか、何とか最後までたどりつけたのは氏の温かい励ましのおかげであった。

二〇一二年四月

守 田 優

参考文献

本書を執筆するにあたり、多数の著書、論文、雑誌記事などを参考にしたが、本書の性質上、一部を紹介するにとどめる。本文中では、資料提供、書名、著者名、出版年を記した。

遠藤崇浩「オガララ帯水層の水問題」『水利科学』三〇〇号、二〇〇八
R. Clarke & J. King, *The Atlas of Water*, 2004(『水の世界地図』沖大幹監訳、丸善、二〇一〇)
国土交通省水管理・国土保全局水資源部『日本の水資源(平成二三年度版)』国土交通省、二〇一一
菊池山哉『沈み行く東京』上田泰文堂、一九三五
和達清夫『沈まぬ都会』朝日新聞社、一九四九
東京都公害研究所編『公害と東京都』東京都広報室、一九七〇
山口林造「東京大学構内深井戸の水位変化」『関東大地震五〇周年論文集』東京大学地震研究所、一九七三
貝塚爽平『東京の自然史』紀伊國屋書店、一九七六
蔵田延男『地盤沈下と工業用水法』ラテイス、一九七一

蔵田延男「工業用水資源」『水利学大系』第五巻、地人書館、一九六二
柴崎達雄『地盤沈下』三省堂新書、一九七一
遠藤毅「荒川下流域における地盤沈下の展開とその社会的影響」『荒川下流誌』第三章第五節、リバーフロント整備センター、二〇〇五
環境庁水質保全局企画課監修・地盤沈下防止対策研究会『地盤沈下とその対策』白亜書房、一九九〇
辻和毅『アジアの地下水』櫂歌書房、二〇一〇
C. F. Tolman, *Ground Water*, McGraw-Hill, 1937
吉村信吉『地下水』河出書房、一九四二
壽圓晋吾「神田川上流の地形と地下水」『地理学評論』第二五巻四号、一九五二
守田優「武蔵野台地における湧水涸渇と地下水位低下について」『地下水と井戸とポンプ』第三〇巻九号、一九八八
東京都公害局水質保全部水質規制課編『地下水収支調査報告書』一九八〇
東京都水道局編『東京都水道史』一九五二
山本博『井戸の研究』綜芸舎、一九七〇
秋田裕毅『井戸』ものと人間の文化史一五〇、法政大学出版局、二〇一〇
矢嶋仁吉『武蔵野の集落』古今書院、一九五四
伊藤好一『江戸上水道の歴史』吉川弘文館、一九九六

京都新聞社『京都　いのちの水』京都新聞社、一九八三
堀越正雄『井戸と水道の話』論創社、一九八二
田尻稲次郎『地下水利用論』洛陽堂、一九一五
古賀輝彦「トリクロロエチレン等の汚染経路と深井戸改修工事——三鷹市における事例」『水道協会雑誌』第六〇四号、一九八五
片寄紀雄「復元する被圧地下水から地下駅を守る」『トンネルと地下』第二七巻一〇号、一九九六
仁杉巖監修『鉄路の安全を守る』山海堂、一九九八
環境省水・大気環境局土壌環境課地下水・地盤環境室『湧水保全・復活ガイドライン』二〇一〇
本谷勲編著『都市に泉を——水辺環境の復活』NHKブックス、一九八七
E. Ostrom, *Governing the Commons*, Cambridge University Press, 1990

守田 優

1953年熊本県熊本市に生まれる．東京大学工学部土木工学科卒業，同大学大学院修士課程修了．東京都土木技術研究所にて地盤沈下，地下水，都市河川の研究に従事．工学博士．
現在─芝浦工業大学工学部教授
専攻─都市水文学，地下水水文学
著書─『首都圏の水』(共著，東京大学出版会)，『地下水理学』(共著，丸善)，『都市をめぐる水の話』(共著，井上書院) など

地下水は語る
─見えない資源の危機　　岩波新書(新赤版)1374

2012年6月20日　第1刷発行

著 者　守《もり》田《た》 優《まさる》

発行者　山口昭男

発行所　株式会社 岩波書店
〒101-8002 東京都千代田区一ツ橋2-5-5
案内 03-5210-4000　販売部 03-5210-4111
http://www.iwanami.co.jp/

新書編集部 03-5210-4054
http://www.iwanamishinsho.com/

印刷・三陽社　カバー・半七印刷　製本・中永製本

ISBN 978-4-00-431374-8　　Printed in Japan

岩波新書新赤版一〇〇〇点に際して

ひとつの時代が終わったと言われて久しい。だが、その先にいかなる時代を展望するのか、私たちはその輪郭すら描きえていない。二〇世紀から持ち越した課題の多くは、未だ解決の緒を見つけることのできないままであり、二一世紀が新たに招きよせた問題も少なくない。グローバル資本主義の浸透、憎悪の連鎖、暴力の応酬——世界は混沌として深い不安の只中にある。

現代社会においては変化が常態となり、速さと新しさに絶対的な価値が与えられた。消費社会の深化と情報技術の革命は、種々の境界を無くし、人々の生活やコミュニケーションの様式を根底から変容させてきた。ライフスタイルは多様化し、一面では個人の生き方をそれぞれが選びとる時代が始まっている。同時に、新たな格差が生まれ、様々な次元での亀裂や分断が深まっている。社会や歴史に対する意識が揺らぎ、普遍的な理念に対する根本的な懐疑や、現実を変えることへの無力感がひそかに根を張りつつある。そして生きることに誰もが困難を覚える時代が到来している。

しかし、日常生活のそれぞれの場で、自由と民主主義を獲得し実践することを通じて、私たち自身がそうした閉塞を乗り超え、希望の時代の幕開けを告げてゆくことは不可能ではあるまい。そのために、いま求められていること——それは、個と個の間で開かれた対話を積み重ねながら、人間らしく生きることの条件について一人ひとりが粘り強く思考することではないか。その営みの糧となるものが、教養に外ならないと私たちは考える。歴史とは何か、よく生きるとはいかなることか、世界そして人間はどこへ向かうべきなのか——こうした根源的な問いとの格闘が、文化と知の厚みを作り出し、個人と社会を支える基盤としての教養となった。まさにそのような教養への道案内こそ、岩波新書が創刊以来、追求してきたことである。

岩波新書は、日中戦争下の一九三八年一一月に赤版として創刊された。創刊の辞は、道義の精神に則らない日本の行動を憂慮し、批判的精神と良心的行動の欠如を戒めつつ、現代人の現代的教養を刊行の目的とする、と謳っている。以後、青版、黄版、新赤版と装いを改めながら、合計二五〇〇点余りを世に問うてきた。そして、いままた新赤版が一〇〇〇点を迎えたのを機に、人間の理性と良心への信頼を再確認し、それに裏打ちされた文化を培っていく決意を込めて、新しい装丁のもとに再出発したいと思う。一冊一冊から吹き出す新風が一人でも多くの読者の許に届くこと、そして希望ある時代への想像力を豊かにかき立てることを切に願う。

（二〇〇六年四月）

岩波新書より

環境・地球

低炭素社会のデザイン　西岡秀三
環境アセスメントとは何か　原科幸彦
生物多様性とは何か　井田徹治
キリマンジャロの雪が消えていく　石弘之
地球環境報告Ⅱ　石弘之
酸性雨　石弘之
地球環境報告　石弘之
イワシと気候変動　川崎健
森林と人間　石城謙吉
世界森林報告　山田勇
地球の水が危ない　高橋裕
原発事故はなぜくりかえすのか　高木仁三郎
プルトニウムの恐怖　高木仁三郎
中国で環境問題にとりくむ　定方正毅
地球持続の技術　小宮山宏
熱帯雨林　湯本貴和
日本の渚　加藤真
環境税とは何か　石弘光
ゴミと化学物質　酒井伸一
山の自然学　小泉武栄
地球温暖化を防ぐ　佐和隆光
地球温暖化を考える　宇沢弘文
地球環境問題とは何か　米本昌平
水の環境戦略　中西準子
原発はなぜ危険か　田中三彦

カラー版

カラー版 浮世絵　大久保純一
カラー版 四国八十八ヵ所　石川文洋
カラー版 ベトナム戦争と平和　石川文洋
カラー版 知床・北方四島　大泰司紀之、本間浩昭
カラー版 西洋陶磁入門　大平雅巳
カラー版 すばる望遠鏡の宇宙　海部宣男、宮下曉彦写真
カラー版 ブッダの旅　丸山勇
カラー版 難民キャンプの子どもたち　田沼武能
カラー版 古代エジプト人の世界　村治笙子、仁田三夫写真
カラー版 ハッブル望遠鏡の宇宙遺産　野本陽代
カラー版 続ハッブル望遠鏡が見た宇宙　野本陽代
カラー版 ハッブル望遠鏡が見た宇宙　野本陽代、R・ウィリアムズ
カラー版 細胞紳士録　藤田恒夫、牛木辰男
カラー版 メッカ　野町和嘉
カラー版 似顔絵　山藤章二
カラー版 恐竜たちの地球　冨田幸光
カラー版 妖怪画談　水木しげる

岩波新書より

社会

就職とは何か　森岡孝二
働きすぎの時代　森岡孝二
日本のデザイン　原研哉
ポジティヴ・アクション　辻村みよ子
脱原子力社会へ　長谷川公一
希望は絶望のど真ん中に　むのたけじ
戦争絶滅へ、人間復活へ　むのたけじ　黒岩比佐子 聞き手
福島 原発と人びと　広河隆一
アスベスト 広がる被害　大島秀利
原発を終わらせる　石橋克彦編
大震災のなかで 私たちは何をすべきか　内橋克人編
日本の食糧が危ない　中村靖彦
ウォーター・ビジネス　中村靖彦
食の世界にいま 何がおきているか　中村靖彦
狂牛病　中村靖彦
勲章 知られざる素顔　栗原俊雄

人が人を裁くということ　小坂井敏晶
希望のつくり方　玄田有史
生き方の不平等　白波瀬佐和子
同性愛と異性愛　風間孝　河口和也
居住の貧困　本間義人
贅沢の条件　山田登世子
ブランドの条件　山田登世子
新しい労働社会　濱口桂一郎
世代間連帯　上野千鶴子　辻元清美
ルポ 雇用劣化不況　竹信三恵子
道路をどうするか　五十嵐敬喜　小川明雄
建築紛争　五十嵐敬喜　小川明雄
「都市再生」を問う　五十嵐敬喜　小川明雄
公共事業をどうするか　五十嵐敬喜　小川明雄
ルポ 労働と戦争　島本慈子
戦争で死ぬ、ということ　島本慈子
ルポ 解雇　島本慈子
子どもの貧困　阿部彩

子どもへの性的虐待　森田ゆり
森の力　浜田久美子
テレワーク 「未来型労働」の現実　佐藤彰男
反貧困　湯浅誠
不可能性の時代　大澤真幸
地域の力　大江正章
ベースボールの夢　内田隆三
グアムと日本人 戦争を埋立てた楽園　山口誠
少子社会日本　山田昌弘
親米と反米　吉見俊哉
「悩み」の正体　香山リカ
いまどきの「常識」　香山リカ
若者の法則　香山リカ
変えてゆく勇気　上川あや
定年後　加藤仁
労働ダンピング　中野麻美
マンションの地震対策　藤木良明
誰のための会社にするか　ロナルド・ドーア
ルポ 改憲潮流　斎藤貴男